对每个人来说，25 ~ 35 岁这十年是人生中最为重要的十年。以至于人们常常会说：“你 20 多岁时的选择，会写在你 40 岁的脸上和你脱口而出的每一句话上。”20 多岁时你选择了怎样的人生态度和人生历程，会决定你以后的气质容貌，会决定你这一生是个怎样的人。但遗憾的是，大多数人在年轻的时候，都没有想清楚这个问题：25 ~ 35 岁，我拿这十年做什么？

本书的作者通过自身丰富的阅历，帮助读者做好自己的人生规划，告诉读者在 25 ~ 35 岁这十年内，从哪些方面着手完善自己，其中包括：人生方向、心态调整、口才提升、工作技能、投资理财等。几乎囊括了当下年轻人最应该重视起来的十个方面，让年轻读者能够全面地提升自我，不断提升自己的价值，创造自己想要的人生。

图书在版编目（CIP）数据

关键十年 / 金正浩著．—北京：化学工业出版社，2024.1

ISBN 978-7-122-45019-7

Ⅰ.①关…　Ⅱ.①金…　Ⅲ.①人生哲学—通俗读物　Ⅳ.①B821-49

中国国家版本馆CIP数据核字（2023）第245852号

责任编辑：郑叶琳　　装帧设计：IS溢思视觉设计工作室
责任校对：王　静

出版发行：化学工业出版社（北京市东城区青年湖南街13号　邮政编码100011）
印　　装：德富泰（唐山）印刷有限公司
880mm×1230mm　1/32　印张10　字数220千字
2024年5月北京第 1 版第1次印刷

购书咨询：010-64518888
售后服务：010-64518899
网　　址：http://www.cip.com.cn
凡购买本书，如有缺损质量问题，本社销售中心负责调换。

定　　价：59.80元　

决定你一生的关键十年

25 岁到 35 岁之间，是一个人一生中最为意气风发的年龄，我们有着飞扬的青春、无穷的活力、旺盛的精力、非凡的创造力……

然而，虽然二三十岁是最好的年纪，拥有活力、拥有青春、拥有勇气和力量；但是，二三十岁的你，可以因此而拥有无比的优越感，肆意挥洒青春吗？

答案当然是否定的。在二十多岁的时候，你无疑处于事业的最低点。你没有钱、没有事业、没有地位，只有欲望。

想想看，二十多岁的你，除了父母给的，你拥有什么？

青春？每个人都有过青春，而且它必然会过去，终究会成为回忆。

知识？二三十岁的你即便学富五车，知识也太浅薄了。

美貌？它换来的，更多的是虚伪的感情与利益。

时间？这样想的人差不多都在挥霍时间。

骄傲？不要以为自己有多么了不起，你还只是井底之蛙。

所以，毫无疑问，二三十岁，是一个颇为尴尬的年龄，一个一无所有却自命清高的年龄，一个充满理想却过于富于幻想的年龄，一个涉世不深却自谓看透一切的年龄，一个美好却又短暂的年龄。

这个年龄段的这些特质，决定了它将会成为我们一生中最关键的十年。因为，在这一时期，你的世界观、人生观、价值观将会定型。在从校园往社会过渡的这段时间，你所养成的很多习惯，将会对一生产生重要影响。

所以，人们常常会说，你 20 岁时的选择，会写在你 40 岁的脸上和你脱口而出的每一句话上。也就是说，二十多岁时你选择了怎样的人生态度和人生历程，会决定你以后的气质容貌，会决定你这一生是个怎样的人。因此，的确是这样，二三十岁决定人的一生。

那么，二三十岁的你，该做些什么呢?

你正处于事业巅峰的起点。要抓住工作的重点，多与别人合作，培养你的表达能力，运用专注的力量，别为薪水而活，要为事业拼搏。

你正处于积累黄金人脉的时期。要多交朋友、少树敌人，要明白老朋友是最好的镜子，但要注意维护友情，不要对朋友求全责备，不要泄露朋友的秘密，不要记着朋友过去的错误。

你应当塑造和谐的人际关系。要懂得社会常识，学会融入不同的社会圈子，要识别场面之言，以礼待人。

你要学着把说话变成艺术，会说话是一种本领。请注意：话不要说得太满，不要随便批评别人，开玩笑要注意分寸，不要谈论别人的隐私，他人失意时勿谈论你的得意，要守护好属于自己的秘密。

你要让自己不断成长。社会不会等待你的成长，只有学习他人的长处，善用他人经验才能少走弯路，要审慎地听取别人的建议，保持读书的好习惯，懂得感恩。

你必须利用大好青春好好奋斗。要警醒，业精于勤荒于嬉，打铁要趁热成功要趁早，要明白情商比智商更重要，在你的成功路上不必吝惜汗水。

你要有勇气重塑自己的命运。要明白，人生是你自己的，不要竭力和别人竞争，明天的你要比今天更强，要有长远的目光和目标，要抓住身边每一个机会，用勇气和行动成就梦想。

…… ……

在人生最宝贵的年纪，二三十岁的你，人生有无限的可能，具有很大的可塑性。你的人生就在自己的手里，未来的蓝图全都需要你自己去策划。

作为一个二三十岁的年轻人，不要抱怨上天没有给你过人的天赋，不要抱怨自己不是生于豪门、富人家，不要抱怨自己没有强有力的靠山和背景。要知道，未来的一切都属于那些敢于挑战生命的勇敢者，只要你肯努力，只要你肯付出汗水，只要你敢于拼搏，那么你的人生必将与众不同。

目录 Contents

Contents

第一章

这十年，你一定要找到方向感

给自己一个准确的定位

古希腊的一座神庙是一个每天都有无数人来顶礼膜拜的地方，墙壁上却刻着一句话：“认识你自己（know yourself）”。为了达成心愿，人们常常奔波万里去膜拜，寄希望于神灵，而人们心中所膜拜的那个神灵却在告诉他，希望之路不在神庙里，而在他自己的心中。“认识你自己”，给自己一个准确的定位，这才是成功的基础。

二三十岁的我们，正处于人生的黄金时代，如果能够尽早地认清自己，必将对将来产生良好的影响。因为，只有对自己更了解，懂得自己喜欢什么，自己擅长什么，自己将来想做什么，才会对自己的未来有更大的把握。很多成就卓著的成功人士，首先得益于他们充分了解自己，能根据自己的优缺点来进行定位或重新定位。

19 世纪，有一个穷困潦倒的法国青年，刚从乡下来到首都巴黎。

他来巴黎之前，父亲告诉他，如果万不得已，可以去找自己昔日的一位朋友，依靠朋友现在的声望和地位，应该能够帮他找一份工作，以便他在这个繁华的大都市中站住脚。

于是，他在碰壁了几次之后，就去拜访了父亲的朋友。寒暄之后，父亲的朋友就问他："年轻人，你有什么特长呢？数学怎么样？"

青年羞涩地摇摇头。

"历史、地理怎么样？"

青年还是不好意思地摇摇头。

"那么法律或别的学科呢？"

青年再一次窘迫地垂下了头。

"会计怎么样……"

面对父亲朋友的接连发问，青年能够做出的回答都只是不停地摇头，他很难为情地告诉对方，自己一无所长，连一点儿优点也找不出来。

为此青年十分窘迫，甚至开始后悔今天的拜访了。父亲的朋友却似乎显得很有耐心，一点也没有嘲笑他的意思。他对青年说："那你先把你的住址写下来吧，你是我老朋友的孩子，我总得帮你找一份差事做呀！"

青年的脸涨得通红，羞愧地写下了自己的住址，就急忙想离开，可是他却被父亲的朋友一把拦住了。他说："年轻人，你的字写得很漂亮嘛，这就是你的优点啊，你怎么没有提到呢？你不该只满足于找一份糊口的工作。"

字写得好也算一个优点？青年满心怀疑地看着父亲的朋友，但他很快在老人的眼里看到了肯定的答案。

告辞之后，青年走在路上就想：既然他说我的字写得很漂亮，可见我的字真是很漂亮。我的字漂亮，写文章也是我曾经努力的方向，中学时我的作文还被老师赞赏过，那么我肯定也能把文章写得漂亮。受到肯定和鼓励的青年，开始把自己的优点一一罗列出来，并放大开来。他一边走一边想，兴奋得脚步都轻松起来。

从此，这个青年开始发奋向上，刻苦学习。数年后，他就写出了一部享誉世界的经典作品。知道吗？他就是家喻户晓的法国著名作家大仲马。他的小说《三个火枪手》和《基督山伯爵》流传至今，已被誉为世界文学史上的经典之作。

然而，**最了解自己的人莫过于自己，最不能看清自己的恐怕也是自己了，给自己定位并不是一件容易的事情，很多人一辈子都没有认清自己，不知道自己最想做什么，不清楚适合什么样的生活，就在浑浑噩噩中度过了自己的一生，这不能不说是一种悲哀。**

你知道吗？

鲫鱼的美味，全靠鱼鳞传递，食用的时候也不能去鳞，鲫鱼的体形跟鲤鱼差不多，它在误入渔人的网眼时，其实只需稍稍后退，就可以逃掉，但它太爱惜自己的美丽鳞片，仍不顾一切往前，结果被网住。

刀鱼外形如匕首，肉极细嫩，有小刺上千，脊上有坚硬密集的鱼鳍。当它发现鲫鱼上当时，吸取同伴教训，迅速后退。岂知，这适得其反，让鱼鳍被网目死死卡住，自绝了生路。而只需继续往前游去，就可以穿过网眼活命。

河豚呢，身上没有鳞片，也没有硬鳍，只是表皮上有密密的钉刺。它看到鲫鱼进是死，刀鱼退亦是死，于是当网目卡住它时，便拼命地给自己鼓励、打气，一下子肚皮滚圆，试图胀断网目，结果连渔网一起浮出了水面，被人们轻而易举地捕获。

这些鱼的遭遇告诉我们什么了呢？

我们一定要了解自己，给自己一个准确的定位，才有可能做出正确的选择。命运其实就掌握在我们手中，我们要认清楚我们自己，以自己为尺度去衡量事物。

可是，该怎样认清自己呢？如果你还不清楚自己想要什么，不知道如何定位，从现在起就试着思考下面的问题吧。

A 小时候，什么事让你感觉到自己被重视呢？你在什么时候感觉到自己对别人是重要的呢？什么活动让你感到特别开心，而且会有满足感呢？

B 在你七八岁的时候，什么事情能够让你专心致志，什么东西对你最有吸引力呢？做什么事情让你不知疲惫，甚至忘记吃饭呢？

C 小的时候，你最热衷的是什么？你的兴趣在哪里？你遇到哪些事情时会使你感觉自己很棒、很开心？在哪些方面，你表现得最优秀、最杰出呢？每次回想起来的时候都会感到愉悦呢？

D 小时候你最擅长的是什么？在什么方面经常受到老师和家长的赞扬？你经常梦想的是什么？你最希望自己能变成什么样的人？什么事情能让你可以奋不顾身呢？

二三十岁的我们需要做的，就是从现在做起，认真总结自己，看清自己的优点和缺点，对于优点要继续发挥，对于缺点要积极改正，对于自己感兴趣的事情可以多投入些时间，把感兴趣的事情转化成自己的奋斗理想，这将会是不错的选择。

确立目标之前，先要有方向

我们知道，**目标会像一颗明星、一座山峰一样，给我们的人生以指引。**但是，想要到达目标，我们必须要确定自己朝着哪个方向走才可以接近它，我们必须选择一条可以通向它的道路。

正确的人生方向，会帮助你少走弯路，实现持续发展，还能帮助你善用资源。那么，你怎样看待自己的方向呢？在给自己定位之后，我们也要先确定自己的人生方向。

自从中学毕业以后，辛迪花了 14 年时间完成了走上“正道”，并走向成熟的巨大转变。

她进了大学，找到了一份好工作，还买了房。她完成了所有过去她期望自己去做的事。她工作很长的时间，求得升职加薪这些并不是她内心渴望着的事情。在她难得待在家里的时候她总是让自己坐在电视机前，满脑子充斥着现代生活里常有的东西——债务、混乱和压力。

她仅仅是想让她的父母以她为荣。所以她一直在追求着她被灌输的成功准则。而不是找寻她内心想要的东西，她发现有太多负担，没完没了——太多的工作、太多的压力、太多乱七八糟的事——而且她深陷其中。

在黑夜的寂静中，她开始梦想她想要的生活。她想要她工作的地方充满欢乐和和谐，她想把精力用于她所热爱的事业，当然还要有放松的空间。但这和她目前的状况差不多相反。

她没有去追求她所向往的生活，反而在为她不想要的生活而奋斗。她很害怕改变人生方向，害怕挑战灌输在她脑中的人生愿景，甚至害怕这种去过她理想中生活的想法。

我所追求的是什么样的生活?

当她开始考虑让她从一种生活过渡到另一种生活所必须做出的改变时，她内心的恐惧开始增多。她想到了以下这些事。

我该如何去改变呢？

假如我办不到该怎么办?

假如我不喜欢原先认为自己会喜欢的东西，该怎么办？

我怎样支持自己去做这些事?

我是否已经活得麻木了以至于想要做出改变的这种想法也显得荒唐?

怎样才能让自己走出目前的“安定”的生活?

她发现，仅仅是想要改变这种想法，就足以是她面对的最让人惧怕的现实之一。她开始深入审视自己，并且告诉自己，假如为自己套上了枷锁，将会错过许多惊奇的事情。这个过程的一部分是让过去的苦痛、旧心态和先入为主的观念离开。她需要做的是为自己准备一块空白的石板，在上面重建自己所看到的世界。在这个过程中她能给予自己的最棒的礼物之一就是自由。通过缓解身上的负担，她发现那儿有充足的时间和足够的空间让她去创造自己想要的生活。

而对于恐惧、疑虑和担忧，她发现，没有一个通用的解决办法。在找寻自己的方法的过程中会碰上许多困难和错误，但是采取的行动越多所获得的信心就越多。

后来，她告诉人们，你不会一开始就有答案，也没有对能够走多远有一个清晰的认识。但是她觉得，在黑夜的寂静中，有一种声音响亮而又清楚地告诉她，她想要过的生活。最终，辛迪达成了自己的心愿，找到了新的人生方向。

的确，正如辛迪所说的那样："面对我们的人生，你要优先考虑到自己。在永不停息的竞争中，我们为自己设定好了生活路线，我们忽略的第一个人往往是我们自己。**你不可能等到这个世界安静下来，才开始关注你自己的幸福。**保持一种疯狂的步伐前进只会让你精疲力竭，而且对那些指望着你的人也没有好处。对他人有帮助，你必须先要照顾好自己。"所以，在面对自己的人生方向时，你需要优先照顾好自己。

其实，人生确立一个什么样的方向，要根据主客观条件来加以设计。每个人的条件不同，目标不同，方向也不可能相同，但确定方向的方法是相同的。我们可以通过以下步骤来设立适合自己的人生方向。

第一步，用白纸黑字将人生方向写下来。唯有将它写下来，你才能将其详细内容规划出来。同时，当你把它写下来的时候，你就把这个方向具体地呈现在自己面前。

第二步，列出你要这个人生方向的充分理由。建议你明确地、扼要地、肯定地写下你实现它们的真正理由，告诉你自己能实现它的把握和它们对你的重要性。如果能找出充分的理由，那你就无所不能，因为追求理想的动机比理想本身更能激励我们。你可以尽可能多地将这些理由一一列出，这将成为你的动力源泉。

第三步，分析你现在的位置，盘点你所拥有的资源。这一点是非常重要的，因为唯有知道自己从何处开始，你才知道下一步应该如何走。找出自己的长处，分析个人最强和最弱的地方分别是什么，规划出你最需要学习的是什么？大部分人在设定人生方向的时候常会犯下一个重要的错误：他们很快地着手于设定，但是却没有先仔细检查一下是不是有良好的基础在支撑着他们。因此，你现在要做的就是列出自己已经拥有的各种重要的资源。列出一张你所拥有资源的清单，里面包括自己的个性、朋友、财物、教育背景、时限、能力以及其他。这份清单越详尽越好。

第四步，确认你要克服的障碍。成功就是克服障碍。没有一件成功不是由障碍阻拦所成就的。在你往自己的人生方向前进的时候，你所遇见的每一个障碍都是来帮助你达成目的的。所以要先确认你的障碍，将它们列出来。其次，对你面前的障碍设定重要性的优先顺序，找出哪一件事影响最大。发觉在通往成功路途中的大石块，要全神贯注地解决它们。

第五步，确认你所需要的知识。我们居住在一个以知识为基础的社会当中，不管你设定了什么人生方向，你想要朝它前行，必定需要更多的知识相随。你需要自我成长，需要不断地阅读、学习，吸收新的资讯。首先要确认你需要些什么知识；其次，为你的知识设定优先顺序；另外一定别忘了多向他人请教。

没有目标才最要命

对于20多岁的人来说，很多人都没有自己明确的目标，很多时候陷入迷茫和瞎忙中，白白浪费了自己最好的时光。其实，**目标对于成功的重要性正如空气对于生命。如果没有空气，人不可能生存；同样，如果没有目标，人也就不可能成功，**这是适用于任何行业的黄金法则。

提起谭盾，也许你会有些犯晕。但说起《卧虎藏龙》，你一定不会陌生。谭盾，这位著名的美籍华裔作曲家，在国际上享有盛誉，且凭借他为电影《卧虎藏龙》的作曲，获得了2001年奥斯卡“最佳原创配乐奖”，从此名噪海内外。说起谭盾的成功，与他对目标的把握和执着绝对密不可分。

谭盾刚刚到美国时，只能在街头拉小提琴赚钱。但很幸运，他认识了一位黑人琴师，并和他一起找到了一个挣钱的好地盘——一家银行的门口。过了一段日子，谭盾赚了不少钱，就和黑人琴师道别，进了音乐学院拜师学艺。在大学里不像昔日一样赚钱多，但他一直没有忘记自己的目标和更加远大的未来——成为世界级音乐大师。十年后，谭盾有一次路过那家银行，发现昔日老友黑人琴师，依然在那最赚钱的地盘拉琴，而他的表情一如往昔——露着得意、满足与陶醉。但他不知道，谭盾此时已是一位享誉世界的小提琴家。

正因为谭盾明确了自己的目标，绝对不是某个银行的门口或是挣钱的好地盘，因此他不断地更换“地盘”，并在目标的指引下，进入了音乐厅，最终成为知名音乐家。而那个黑人琴师把自己的目的地定位在“门口”，所以他永远都只能在“门口”拉小提琴。

对于大多数人来说，不管他们在最具生命力的年龄获得怎样的收入，也只有如此少数的个人能达到可观的经济成就。大多数的人将金钱、时间以及精力用于从事所谓的“消除紧张情绪，缓解生存压力”的活动，而不是去从事有利于“达到目标”的活动。大多数人每周辛勤工作，也许是赚了很多的钱，可是他们在周末又会把所赚的钱中大部分花掉。这就是因为他们没有制定自己的目标。

存在侥幸心理的他们，相信某一天，命运之风把他们吹进某个富裕又神秘的港口。同时又盼望在遥远未来的“某一天”退休，然后在“某地”一个美丽的小岛上过着无忧无虑的生活。当问及他们将如何达到目标时，他们又会回答说，一定会有“某种”方法的。这些人无法达成他们的理想，其原因就在于：没有真正定下生活的目标。

那么你呢，你认为自己拥有目标吗？真的是这样吗？也许，你和下面故事中的日本学生一样。

有一个日本学生到纽约大学攻读MBA（Master of Business Administration，工商管理硕士），并在华尔街附近的一间餐馆打工。有一天，餐馆的厨师长同他聊起了人生的目标和志向，他便对着餐馆厨师长说：“我总有一天会打进华尔街的。”大厨好奇地问道：“年轻人，你毕业后有什么打算？”他很流利地回答：“我希望学业一完成，最好马上进入一流的跨国企业工作，不但收入丰厚，而且前途无量。”厨师长说：“我不是问你的前途，我是问你将来的人生目标和追求。”他一时无言以对了，便问起大厨的人生目标。

说到这个话题，厨师长唏嘘不已：“如果经济继续低迷，餐馆不景气，我就只好回华尔街了。”日本学生目瞪口呆，眼前这个一身油烟味的厨师，怎么会跟银行家沾上边呢？厨师长对他解释道：“我以前就在华尔街一家银行上班，早出晚归，但我觉得这始终不是我的人生追求，只是为了生计而已。我喜爱烹饪，希望成为一名厨师，我的家人也很赞赏我的厨艺。有一天，我在写字楼里忙到凌晨才结束了工作，当我啃着汉堡充饥时，我下决心要辞职，摆脱这种刻板的生活，选择更适合我的人生目标。”日本学生听到此处，受到厨师长的启发，亦开始努力寻找属于自己的人生目标。最终，在获得MBA学位后，他毅然回国，结合自身的爱好，创办了日本著名的制药企业。

这样的例子，并不是让每一个有着优越生活的人放弃自己的工作和生活。而是希望启发大家，将人生目标建立在自己的兴趣和特长的基础上，而非简单地建立于对资产或是生活水平的追求。我们尤其要分清“前景”与“目标”的区别。

一个人如果没有目标，就如同驾着一叶无舵之舟乘风破浪——不知道该去何方，不知道哪年哪月，也不知道如何才能抵达目的地。这样的话，就只能在人生的旅途上徘徊，永远到不了任何地方。因为如果没有目标，就不可能发生任何事情，也不可能采取任何步骤。可是即便是有了目标之后，如果你的目标不是真正切合你自己的实际情况，你并没有对自己想要达到的“高峰”做出准确的定义——没有把它清楚地写在脑子里，那么你的目标就很容易偏离航线，你的注意力也可能会变得不太集中，就像走在浓雾地带，方向模糊，绞尽脑汁，也不知如何是好。

生活和工作当中，很多人都不知道自己该走向何处。如果他们对自己究竟要走向何处，究竟想获得什么，不能给出明晰的回答的话，那他们就可能永远到不了理想的彼岸。茫茫人海之中，这样的人不计其数，你也许会为这么多的人生活于漫无目的之中而感到惊讶，但是反过来看看自己，千万不要向这些漫无目的的人学习，你应该知道自己将何去何从。如果搞不清自己要到哪儿去，那你很可能最终只能以一事无成收场。

二三十岁的我们，也许需要通过工作，为自己积累起人生的第一份资产，但切莫忘记人生真正的目标和追求。所以，这需要我们分清短期目标和长期目标的区别。

我们的人生，需要一个长远的目标，才能免于落入俗套而碌碌无为。但是，任何长远目标，都不是一朝一夕可以实现的，倘若你只盯住长远目标，而忽视了脚踏实地的践行，最终也只能一败涂地。所以，想要实现长远目标，首先就要有短期目标。一个个短期目标，是实现长期目标的阶梯。成功源自目标的指引，更不要忽视短期目标的建立和培育。

此外，我们还要注意，如果你想达到一个目标，经过深思熟虑后发现这是一个切实可行的目标，在长期或短期内就能实现，那么，接下来，你就应该下定决心制订详细计划去完成它了。也许在你完成这个计划的过程中发现某个原本值得争取的目标现在却变得没有意义了，这也许是因为环境以及自己的各种需求发生了变化，那就忘掉它，重新寻找新的目标。

相信计划的重要性

在我们成就梦想、实现目标的过程中，计划绝对占着举足轻重的作用。《礼记·中庸》就曾经告诫过我们：“凡事预则立，不预则废。”任何人要做好一件事情，都要预先有准备、有计划，才可能取得成功。否则，会落得个一事无成的下场。成功人士之所以成功，也恰恰是因为他们所走的每一步都是有计划有步骤的。将自己的目标分解为一个个阶段的计划，最后逐步朝自己的梦想迈进。

这个道理，其实单单一场马拉松赛就能说明问题。如果将42.193公里马拉松赛程比作你的一生，那到达终点肯定是你的人生目标之一。面对这样一场人生马拉松比赛，你又该如何应对呢？连续两届马拉松世界冠军的山田本一，可以说是一个梦想成真的幸运儿了。1984年的东京国际马拉松邀请赛是山田本一的成名作，那场比赛结束后，当问他怎样取得好成绩时，他只是说：用智慧战胜对手。两年后，山田本一再次在米兰夺冠。赛后，他还是同样一句话。这句话曾经让许多人都摸不着头脑，始终搞不清楚其中的缘由。

那么，较量体力和耐力的马拉松，怎么会和智慧联系在一起？十多年后，退役的山田在他的自传里解开了这个谜团。每次赛前，他都亲自坐车把比赛的线路仔细看一遍，并把沿途比较醒目的标志画下来。比如：第一个标志是一间餐厅，第二个标志是一家银行等，把整个赛程分成比较均匀的几段。这样比赛开始后，他就奋力冲向第一个目标，接着再奔向第二个目标，40 多公里的赛程，就这样轻松地跑下来了。

确实如此，一个清晰、明确的计划划分，可以帮助我们一步步接近自己的奋斗目标，顺利完成人生马拉松。**我们的一生就好比一场马拉松比赛，如果你只盯着最终的目标，用不了多久，你就会开始泄气、感到疲惫不堪。**就像许多参赛者从一开始就想着终点，结果跑不了多远，就觉得累了乏了，没信心了。在这个过程中，如果再加上各方的打击和压力，我们就不免会开始动摇，信心就这样一点点地失去了，在这种心灵的折磨中，我们可能最终只能选择放弃。这便是计划对于人生目标实现的一个重要作用。

计划对于人生目标实现的另一个重要作用，便是促使你分清轻重缓急，逐步安排目标的实现。培根曾说：“敏捷而有效率地工作，就要善于安排工作的次序，分配时间和选择要点。善于选择要点就意味着节约时间，而不得要领地瞎忙等于乱放空炮。”这种对于次序的把握，也同样适合于我们成功目标的实现。这一点，尤其表现在效率的提高上。

效率专家艾·维利，曾经帮助过世界上最大的独立钢铁厂——伯利恒钢铁公司的总裁查理斯·舒瓦普把钢铁公司管理好。艾·维利说，他可以在 10 分钟内给舒瓦普一样东西，让伯利恒钢铁公司的业绩提高至少 50%。他递给舒瓦普一张白纸，说：“在这张纸上写下明天要做的 6 件最重要的事。”过了一会又说：“现在用数字标明每件事情对于你和你的公司的重要性次序。”这花了大约 5 分钟。他接着说：“现在把这张纸放进口袋。明天早上把纸条拿出来，做第一件事。不要看其他的,只看第一项。直至完成第一件事为止。然后用同样方法对待第二项、第三项……直到你下班。假如你只做完前面四件事情，你也不用心慌，因为你围绕着最终的事情在工作。当你对这种方法的价值深信不疑之后，叫你公司的人也这样做。”整个会见历时不到半个钟头，但却大大启发了舒瓦普对于工作效率的认识。几个星期后，舒瓦普给艾·维利寄去一张 2.5 万美元的支票，还有一封信。信上说，从钱的观点看，那是他一生中最有价值的一课。短短五年的时间，伯利恒钢铁公司便从一个名不见经传的小工厂，变为世界上最大的钢铁企业。

人生目标的实现，有时就好比一个企业的管理。唯有运筹帷幄，提高效率，你才能最终实现人生的梦想。将实现目标的计划逐步列出，分清轻重缓急，然后逐步一个个击破，最终实现你的目标。**如果将梦想划分阶段，你便可以在完成一个个阶段目标的基础上，逐步向最终的梦想靠近。**当你达到每一个阶段目标，你就会发现，自己离梦想又靠近了一步，你也会更加信心饱满、充满希望的继续前行。而且，通过计划分清轻重缓急，你也能保证一直在做着对你人生最重要的事情。

计划对于目标的重要性，在于避免实现目标过程中产生泄气、疲惫不堪的消极情绪，更能够促使你按部就班、分清轻重、逐步实现目标。现在，就让我们一起来看看，计划的重要性是如何在人生目标的实现中产生作用。

孙正义，这位日籍韩裔富豪，是软件银行集团公司的创始人，曾经多次登上《福布斯》富豪排行榜。他很早的时候便为自己制定了人生目标——成为所投身行业中的世界领航者，那时候，他才 19 岁。于是，孙正义为自己制定了一个 50 年生涯规划，按计划一步步实现自己的目标：

20 多岁时，向所投身的行业宣布自己的存在；

30 多岁时，要有一亿美元的种子资金，足够做一件大事；

40 多岁时，要选一个非常重要的行业，然后把重点都放在这个行业上，并在这个行业中取得第一，公司拥有 10 亿美元以上的资产作为投资；

50 多岁时，完成自己的事业，公司营业额超过 100 亿美元；

60 多岁时，把事业传给下一代，自己回归家庭，颐养天年。

正是在这个计划的指引下，孙正义一步步朝着自己的目标迈进。从一个弹子房小老板的儿子，到今天闻名世界的大富豪，孙正义只用了几十年。这便是计划对于人生实现的重要作用。

计划对于人生目标实现的重要性，已经不言而喻。**二三十岁的年轻人，**正处于从大学向职场过渡的阶段，**如果不想浑浑噩噩地过一辈子，在确定人生目标后，就要赶紧为自己制订一个人生规划，按计划逐步实现自己的梦想。**可以说，每个人都希望成功，希望得到财富，但是不对自己的人生进行具体的规划，又怎能轻易实现人生目标呢。

所以，我们不妨以年龄为单位，设计出人生的时刻表，在规定的时刻完成规划的事情。**对于分清人生计划的人来说，生活是美好的，对没有规划或规划不清的人来说，生活是冷酷的。**俄国一位政治家有句名言："谁是生活的迟到者，生活就会惩罚谁。"所以，从此刻起，赶紧为你人生目标的实现拟订一个规划，逐步朝着遥远但并不虚幻的梦想迈进吧。

做好规划，应对变化

许多成功学专家都曾经断言：成功人士之所以成功，是因为他们所走的每一步都是有计划有步骤的。人生的旅途瞬息万变，尤其在这个高速发展的信息社会，周围的人脉和事态更是以极快的速度发展变化。所以，**二三十岁的你唯有迅速做好规划，才能顺利应对以后职场乃至人生的起伏和变化，**以不变应万变的姿态，“气定神闲”地追求自己的目标。

一位社会学家曾经对哈佛大学的某个毕业班进行过一项调查，结果显示：80%的毕业生不曾有过明确的目标或规划；15% 的毕业生曾为自己设定了目标或规划，但仅仅是想过而已；而只有 5%的毕业生书面记录了并为自己的目标和规划制定了具体措施。毕业 30 年后，书面记录了自己的目标规划和具体措施的这 5%的毕业生，不仅实现了自己书面记录下的目标，而且，他们作为一个整体所拥有的净资产，也远远超过了其余 95% 的班级成员所拥有的资产总和！这 5%的毕业生，正是凭借着自己的目标和规划，成功应对了毕业后职场上和生活中的诸多变化，最后成功登顶人生的巅峰。

这便是规划在应对变化方面的重要作用。一旦有了规划的指引，你才能勇往直前地朝着自己的目标奋进，不至于因为周遭的变化而慌了手脚。事实上，在二三十岁的年轻人中，许多人在遇到职场或是生活中的角色转换时，都会出现诸多不适应的情况。这种变化，不仅表现在心理调适上，更在于社会角色和竞争要求的变化。如果要避免这种情形的发生，你就必须为自己制定一个实现人生目标的规划，并努力排除周遭的干扰，按照规划行事。

一位规划师曾经接触过许多这方面的案例。“在规划咨询现场，许多前来咨询的大学毕业生，常常感到非常迷茫，面对瞬息万变的变化，很多人都找不到方向，也不知道未来的出路在哪里，应该怎么走，因此特别希望我以自己的亲身经历给他们一些经验和忠告。”咨询结束几天后，这位咨询师收到了一封邮件。邮件中，这位大学毕业生坦言，在目前瞬息万变的社会形势下，他感觉到要实现自己的梦想简直是太难了，即使他已经掌握了足够的生活经验和工作能力。他说：“我周遭许多人都有过这种迷茫、困惑甚至无助的感觉。虽然每天早晨都能看到冉冉升起的太阳，可我们还是会在心里一遍遍地问自己：路在何方？”人生规划师告诉我们，许多初入职场的毕业生之所以会产生这种情绪，正是因为缺少了规划的指引而无法应对急剧的变化。

这种心理调适和职场适应上的困惑，相信许多刚刚毕业的年轻人都曾有过。诚然，教育体制和社会发展的脱节是造成很多人初入社会调适困难的客观原因，但对于个人而言，对未来缺乏想象，对人生没有梦想，对自己的职业没有明确的规划，才是面对社会时感到困惑的根本原因。找不到出路，是因为我们缺乏规划，面对职场和生活的变化才无法“泰然处之”。

所以，二十岁以后，你就必须赶紧为自己制定一份职场发展和人生成长的规划，并把自己确定的规划和每一步进展用笔记录下来，这将有助于我们坚持实现自己的目标。那么，年轻的我们，该如何制定人生的初步规划呢？

制定初步规划，首先，你必须根据自己的现实状况，考虑你所需要和能够调动的资源，在此基础上再制定适合自身的规划。比如，大学毕业后的你是一个普通销售员，你的计划是5年之内自己做老板，拥有自己的销售柜台和渠道。那么，你需要思考的问题至少有：你需要有哪些能力和资源才能自己干，包括知识、能力、个性、创造力、财力；自己干至少需要多少资金；目前拥有的客户资源是否对以后的发展有帮助；还需要克服哪些缺点；可能会遇到的一些什么机遇以及你目前所在职位的上升空间。然后，根据这些问题制定符合自身的规划，最终实现自己的目标。一位成功学家曾经为我们介绍过人生规划制定的原则，唯有按照这一原则制定出良好的人生规划，才能成功应对人生的变化。现在，就让我们一起来看看。

这位成功学家在自己的书中曾经建议，人生规划的制定应该遵循这样的原则：

第一，这个规划应当是可以量化的。可量化，一是指数字具体化，就是可以用数字描述的目标，一定要写出精确的数字；二是形态化，就是将不能用数字描述的目标分解后，用数字化的指标将其表现形态描述出来。比如买房子，可以具体描述为周围环境、房屋朝向、具体位置、价格、多大面积。

第二，考虑现实的。在形成规划的过程中，不要盲目地不顾现实。今天还住着廉价的地下室租房，无头绪地找着工作，却设想五年内就要拥有大公司，十年内闯进世界500强。一切要以自己的现有状况为准，以自己的实际能力为准，为自己制定一个可以一步一个脚印、踏踏实实前进的规划。

第三，有时间限制的。规划中若是没有时间限制就不是有效的规划，如果没有时间限制，就会为没有完成目标而找借口，使实现目标的时间变得遥遥无期。

按照这一原则制定毕业后的初步规划，你才可以成功应对瞬息万变的时代。这个规划，可以是一个五年的计划，也可以是一个十年、二十年的计划。不管是属于何种时间范围的计划，它至少应该能够回答以下三个问题——在五年，或者十年后，我希望自己在做什么；我能挣到多少钱或达到何种程度的挣钱能力；我处于一种什么样的生活方式。对于这些问题的回答将提供给你一份有关你这个时期的目标进而形成一个人生规划。

如果说目标是人生航行中的引路标，那规划则是你起航后最重要的航线指引。唯有明确了这段航线，你才能顺利起航，应对港湾中的诸多变化，顺利驶向大海。

坚持“做大事”的目标

正所谓“志当存高远”，如果你想要打拼出一片天地，如果你想在事业的发展中获得突破，就一定要坚持“做大事”的目标。没有目标，不可能发生任何事情，也不可能采取任何步骤。在事业的发展过程中，有大抱负，坚持“做大事”的目标，你才会有源源不断的动力、毅力和魄力，也才会有“会当凌绝顶，一览众山小”的境界。

在二十多岁意气风发的年龄，年轻的我们，并不能单单满足于有没有目标、有什么目标这样简单的自我叩问，我们还必须明白,如果想成就大事业,就要坚持“做大事”的目标。坚持“做大事”的目标，对我们事业发展到底有哪些作用呢？我们先一起来看看洛克菲勒的经历。

在约翰·洛克菲勒早年，他便已经预见了石油行业的机会，并以成为石油行业的领军人物为自己的事业发展目标。这一个“做大事”

目标的确立，使洛克菲勒的一生与石油行业结下了不解之缘，也使他能够更为敏锐地把握这一行业的动向和机遇。

一开始，洛克菲勒注意到，他所在的国家，石油储藏非常丰富，但冶炼和加工的方法却十分原始，产量也十分低，使用起来也不安全，这制约到了石油行业的发展。于是，以石油行业的发展为己任的洛克菲勒，开始思考着如何改进这一切。洛克菲勒首先找了一个合伙人，就是和他一同工作过的维修工塞缪尔·安德鲁。到了1987年，他们俩发明的最新冶炼方法，终于冶炼出了他们的第一桶石油。后来，他们又增加了一个合伙人弗莱格勒，继续着成为石油行业领军人物的征程。在这个过程中，洛克菲勒仍旧以长远的规划和敏锐的把握，引导着整个企业的发展。在短短的20年中，这个最初固定资产只有1000美元的小冶炼厂，就滚雪球般地迅速发展成为一个托拉斯集团——美孚石油公司，总资产达到了9000万美元。晚年回忆起自己的创业历程时，洛克菲勒仍然强调，当初事业目标的树立对他的长远发展起着非常积极的作用。

坚持“做大事”的目标,你也可以如此。在事业发展的过程中，这种坚持对你的促进作用尤为重要：以更为长远的目光规划事业的发展，避免陷入一时一刻利益得失的计较而限制发展；以更为敏锐的判断把握发展的机遇，避免因犹豫不决而错失良机。总而言之,这种“做大事”的目标,将能使你以更加充分的准备,投入到事业的开拓中。

坚持“做大事”的目标，当我们在事业发展过程中遭遇到失败时，才能够以更为豁达的心态面对挑战。因为你所追求的，并不是一时一刻的胜利，而是长远大事的成功。这种“做大事”的目标，将成为你逆境中巨大的动力，提供继续前进的勇气和希望。

美国著名的电视节目主持人莎莉·拉斐尔便是这样一个人。现在的莎莉·拉斐尔，已经两度获奖，在美国、加拿大和英国每天有 800 万观众收看她的节目。可是你又可否想象，在她 30 年的职业生涯中，却曾经被辞退过 18 次！当她最终登上事业巅峰时，最深有体会的便是永远坚持成为一名最出色的主持人，而不过分在意发展过程中的得失。

这一点，对于事业发展过程中屡屡受挫的莎莉·拉斐尔来说，绝对至关重要。当莎莉的事业刚刚起步时，美国的无线电台都认定女性主持不能吸引观众，因此没有一家愿意雇用她。但是她始终没有放弃成为最出色主持人的目标。于是，她便迁到波多黎各，同时苦练西班牙语。有一次，多米尼加共和国发生暴乱事件，她想去采访，可通讯社拒绝她的申请，于是她自己凑够旅费飞到那里，采访后将报道卖给电台。

在 1981 年她又遭到一家纽约电台的辞退，因为电台说她跟不上时代，此后一年多她没事可做。这过程中，她有过动摇和徘徊，但最终还是成为最出色主持人的目标让她再次挺过来。于是，她又策划一个新的节目构想，并先后向两位国家广播公司职员推销。他们都说她的构想不错，却都很快失去了踪影。最后她说服第三家公司，受到了雇用，但她被要求只能在政治台主持节目。尽管她对政治不熟，但还是勇敢尝试。1982 年夏，莎莉的节目终于开播。她充分发挥自己的长处，畅谈 7 月 4 日美国国庆对自己的意义，还请观众打来电话互动交流。节目很成功，她很快便成名了。

当一个记者采访莎莉·拉斐尔，她总结自己成功经验时，特别强调，能走到今天这一步，是因为自己始终坚定认为自己具有主持的天赋，并坚持成为最出色主持人的目标，正因为如此，她才能在电视广播的领域里闯出一片属于自己的天地。

是什么让莎莉·拉斐尔在一次又一次的辞退中继续坚定地努力，并在被辞退过 18 次之后最终成为美国著名的电视节目主持人。毫无疑问，这便是“做大事”的目标——凭着自己的主持天赋成为一名最出色的主持人。这一目标的树立，让你的视线总是紧紧盯住终点的目标，而不会因为一时得失而阻碍前进的脚步。

一个人若是有着宏大的长期目标并坚定地坚持下去，那么他就成功了一半。坚持“做大事”的目标，你才能够以更为长远的目光规划事业的发展，避免陷入一时一刻的利益计较；你才能够以更为敏锐的判断把握发展的机遇，避免因犹豫不决而错失良机；你才会将视线紧紧地盯住终点的目标，而不因一时的失败而停止前进。从此刻起，赶紧坚持“做大事”的目标，用你的行动成就属于你的“大事”！

Let's go！从今天出发

既然树立了目标，制定了规划，那么，我们就不要迟疑。Let's go！从今天出发，为了实现人生的目标努力奋斗。美国畅销书作家菲尔·麦格劳在分析了各个领域共一千名成功人士后发现：这些成功者们都有明确的生活目标，在向目标发起追求前，他们都拟定了详细的规划，但更重要的是，他们在确立了目标之后，都会马上开始行动，并在追求过程中坚决地执行这些计划，他们还有敢于面对任何危险的勇气和意志。

所以，如果你也拥有自己的目标和规划，如果你也想成就自己的一番事业和追求，就从此刻开始，马上投入行动，坚决执行规划；并在遭遇挫折和困难时，拿出过人的勇气和意志。从此刻起，**与其感慨“人生苦短”而自怨自艾，还不如珍惜时间把握现在；与其感慨时间飞逝而消极懈怠，还不如奋发起来积极行动。**Let's go！从今天出发。

我们很多人在幼年时，都曾经有过周游世界、环游地球的梦想。但是，有多少人为了这个目标而认认真真制订规划呢？又有多少人真正行动起来了呢？但真的就有这么一些人，他们为了这个目标制定了规划，并且说到做到，为了目标付出行动。辽宁有个名叫朱兆瑞的小伙子，凭着自己的精打细算和实实在在的行动，只用 3000 美金就周游了全世界。他在 2002 年花费了 3000 美元和 77 天的时间，进行了四大洲 28 个国家和地区的世界之旅，靠的便是这股“马上行动起来”的干劲。而江苏农民陈良全也有自己周游列国的计划。他从 1986 年开始就已经骑自行车走遍了全国，而从 2003 年开始，他又骑着自己的摩托车走了 40 多个国家。陈良全下一阶段的计划，便是在 2013 年走完 160 个国家。可以说，这些人便是“从今天出发”、绝不拖延的典范。

陈良全和朱兆瑞的梦想成真，都告诉了我们“从今天出发”的真谛——马上行动起来，不要有任何迟疑。如果他们一直瞻前顾后、犹犹豫豫而始终没有采取行动，也无法领略到整个地球的壮阔图景。马上行动起来，你就必须克服拖拉的恶习。“永远不要拖拉”是一名成功人士的座右铭。没有什么比拖拖拉拉的坏习惯更具有误导性了。许多人就是因为办事拖沓、懒散、磨蹭而与成功擦肩而过。懒散拖拉的性格会对我们的人生和决策造成不可估量的伤害。

从今天出发，也意味着你在树立目标之后，必须从此时此刻开始行动，而非从此时此刻开始设想。不要希望把所有问题都想清楚，再采取行动。正如美国小说家雷·布拉德伯雷所说的那样：“你先跳下悬崖，在下降的过程中你会长出翅膀来的。”因为在实现人生目标的过程中，问题永远都比你设想的复杂。

而任何设想，只有开始了才有意义、才可能实现；任何设想，也只能在开始之后才慢慢得以修正、完善。

《成功原理》的作者杰克·坎菲尔就曾经述说过自己的创业故事。杰克一生的第一笔生意，是在马萨诸塞州阿默斯特开办一家治疗和研究中心，叫作“新英格兰个人和组织开发中心”。当时，他需要到当地银行获得一笔贷款。于是，他马上采取了行动。杰克去的第一家银行告诉他需要写一份商业计划书，可他根本不知道这是什么东西，于是他去买了一本关于怎么写商业计划的书。他依照书中的指导写出来一份商业计划书，拿到银行。银行的工作人员又告诉他，计划里有许多漏洞。杰克问是哪些，银行工作人员都一一告诉了他。回到家中，杰克又重新写了份计划，补充了他之前忽视或者不清楚不确定的地方。接着他又回到银行。工作人员说他的计划很好，但他们必须通过核准。于是，杰克又问他们谁大概愿意赞助他的计划。他们便交给杰克几个银行家的名字，认为向这些人申请应该会比较顺利。杰克再次走出了银行，走进了银行家们的办公室，每个人都给了他更多有用的反馈，直到他把计划弄得十分完善，并最终顺利获得了创业所需要的 20000 美元贷款。

像杰克一样，你可以在人生的航行中且行且进。从今天出发，开始采取行动，你会逐步在实现目标的过程中发现需要修正的问题，再进一步修正前行。总而言之，唯有马上行动起来，只有开始，希望才会一步一步展开。

从今天出发，更意味着你不要为自己寻找借口，从此时此刻起开始踏实实现自己的梦想。**乔治·华盛顿·卡佛就曾告诫过我们：99% 的失败是由习惯找借口的人造成的。**失败的人生也往往是如此的。如果你想实现自己的人生目标，就从今天开始，扔掉“现在还不是时候”的理由，将所有的抱怨抛之脑后。

如果说到为人生寻找借口，那约翰逊就实在有太多太多了。他出身贫寒，从小缺吃少穿而导致身体状况不佳，他跟明尼苏达州成千上万的年轻人一样缺乏普通教育的机会，他有一个不负责任的父亲，把家庭的重担丢在母亲和他的肩上。为了照顾母亲、养活 5 个弟弟妹妹，并让他们受教育，他做出了极大的牺牲……他的人生确实有很多很多阻碍梦想实现的障碍。

但是，约翰逊却从来没有为自己寻找过借口，也从不认为“现在”还不是时候。缺吃少穿、缺乏教育，也许会使他在起跑线上输给别人，但他却努力地支撑起整个家庭，并在行进的道路上一点点弥补自己的缺失。从今天出发，让约翰逊成为那些了不起的美国年轻人中的一员，一刻不停止对梦想的追寻和奋斗。约翰逊曾经骄傲地总结过自己的一生：“我的目标是在我的家乡取得成功，为自己和其他人取得成功，而且我确实做到了。”

18 世纪法国资产阶级启蒙运动的旗手伏尔泰曾说过：“人生来是为行动的，就像火焰总会向上腾，石头总是下落。对人来说，一无行动，也就等于他并不存在。”

相信我，从今天出发，开始努力追寻自己的梦想，你一定也可以！与其将目标和规划束之高阁，时不时怀疑自己的能力和出击的时机，还不如拿出魄力，马上开始行动，为了梦想奋力一击。**在遭遇挫折和困难时，拿出过人的勇气和意志。** Let's go！

第二章

这十年，你要做好哪些准备？

你的形象很重要

在交往中给别人留下好印象，让别人喜欢、接受自己，是成功社交的基础，也是你在二十多岁时应该做好的准备。因为，如果一个人的形象很差，从直观上让别人不喜欢，就会对关系的建立带来不利的影响。

麦克·贝迪毕业于哈佛大学，是一个胸怀抱负、追求独特个性的年轻人。他崇拜比尔·盖茨和斯蒂文·乔伯斯这两个电脑奇才，并追随他们不拘一格的休闲穿衣风格，他相信人真正的才能不在外表而在大脑。于是，他不修边幅，以轻松舒适为最高原则。然而，他的一次次面试却以失败而告终，但他却一直摸不着头脑，不知是什么原因。直到有一次，他与同班的一个同学到一个大公司去面试，这才明白了问题所在。

原来，他的同学全副武装：发型整洁、面容干净、西装革履，看起来俨然是一个成功者的姿态。其他应聘者也都是西服正装，看起来不但精明能干，而且气势压人。这与麦克的装备形成了强烈的对比，他那不修边幅的休闲装，显得格格不入，巨大的压力和相形见绌的感觉使他最终放弃了面试的机会。原来，过于休闲的装扮，让麦克·贝迪看起来十分不专业，自然也难以获得应聘企业的信任。而同时，休闲的装扮还让他自己长期处于放松的状态，就算在面试时也不例外，从而无法完全集中精神，发挥最佳状态进行面试。究其原因，就是形象规划上的失误。

一个文学家就曾说过这么一句相当精妙的话：“让我看看一个妇女一生所穿的所有衣服，我就能写出一部关于她的传记了。”所以，规划好形象，等于重塑名片。相信麦克在重新进行形象规划后，一定可以在面试中摆脱“坏运气”。

那么，个人形象对事业发展有多大的影响呢？哈佛商学院在《事业发展研究》中指出：“事业的长期发展优势中，视觉效应是你的能力的九倍。”我们通过两次总统竞选的例子，就可以清晰地看到形象对一个人的重要作用。

1980年与里根竞选总统的杜卡基斯，这个祖先是希腊籍的小个子民主党领袖，无论外表还是声音，无论演讲还是表演，在英俊、高大、富有感召魅力的里根的衬托下，越发显得“不像个领袖”，因而落选。而演员出身的里根用自己的微笑、声音、手势、服装及高超的演技，表现出一个具有迷人魅力的领袖形象，从而掩盖了他在知识和智力上的不足。

1960年尼克松与肯尼迪之争中，老牌政治家尼克松似乎在资历上占有绝对的优势，但是却忽略了对自己外表的包装。以至于贵族家庭出身的肯尼迪评价他："这家伙真没有品位！"受家族的影响，肯尼迪懂得如何利用自己的外在优势获取选民的信任。在他与尼克松的电视辩论上，年轻、英俊、风流倜傥的肯尼迪浑身散发着领袖的魅力，看起来坚定、自信、沉着，不仅能够主宰美国的政坛，而且能平衡世界的局面。在电视节目中的一个握手动作上，就使得一位政治评论家宣称"肯尼迪已经获胜"。当他提出"不要问国家能为你做什么，问一问你能为国家做什么"的口号时，激起美国人民上下一片的爱国热潮。他是美国人理想的领袖形象。几十年过去了，他的形象一直让人难以忘怀，是世界领袖的标准形象。克林顿就是受到肯尼迪的影响，从小立志从政，他以肯尼迪为榜样，终于成为美国总统。在克林顿的身上，正反两面，都有肯尼迪的影子。尽管他是美国历史上丑闻最多的总统，但是他在每一次事件中都能够安然过关，人们一次次由于他富有魅力的形象而原谅他的不检点。相比之下，尼克松一次水门事件就被迫离开了白宫。

西方有句名言说得好："你可以先装扮成'那个样子'，直到你成为'那个样子'。""看起来像个成功者和领导者"在你的事业中会为你敞开幸运的大门，让你脱颖而出。民主选举时，由于你"像个领导"，人们会投你一票；提拔领导时，由于你"像个领袖"，你会被领导和群众接受；对外进行商务交往，由于你"像个成功的人"，人们愿意相信你的公司也是成功的，因而愿意与你的公司进行交易。

限于人类认知的特点，在人际交往的各个层面，一个人的形象是非常重要的，别人对你或你对别人都是这样。那么，我们该怎么做呢？

要创造良好的个人形象，首先要注意服装及仪表。一个蓬头垢面、衣衫不整的人站在你面前，一定会让你讨厌；服装也并不一定要赶时髦，最要紧的是得体大方、干净整洁。

人们总是喜欢那些看上去感觉舒适、有美感的人。姣好的长相、匀称挺拔的身材、美观大方的服饰均能增添人的仪表魅力，给人以舒服、美好的感觉。如果说人的天生长相、身材长短难以变更，而服饰却是可以变化的。整洁美观的服饰是人们用以改变自己或烘托自己形象的最好且使用最频繁的“武器”。因此，我们要学会运用这一武器来“武装”自己。

在为自己进行形象规划时，总的原则是依据场合选择最合适的外部装饰，你可以牢记并严守 TPO 原则。

TPO 是英文 Time、Place、Object 三个词开头字母的缩写。T 代表时间、季节、时令；P 代表地点、场合、职位；O 代表目的、对象。TPO 原则要求着装要符合时令；与您所处场合环境相吻合，要符合着装人的身份；同时应根据不同的交往目的，交往对象选择服饰。简而言之就是要求穿着得体而应景。

时间原则即要求不同的着装者根据不同时段选择着装。男士有一套质地上乘的深色西装或中山装足以包打天下，而女士的着装则要随时间而变换。白天工作时，女士应穿着正式套装，以体现专业性；晚上出席鸡尾酒会就须多加一些修饰，如换一双高跟鞋，戴上有光泽的佩饰，围一条漂亮的丝巾；服装的选择还要适合季节气候特点，保持与潮流大势同步。

场合原则即要求衣着要与场合协调。与顾客会谈、参加正式会议等，衣着应庄重考究；听音乐会或看芭蕾舞，则应按惯例着正装；出席正式宴会时，则应穿中国的传统旗袍或西方的长裙晚礼服；而在朋友聚会、郊游等场合，着装应轻便舒适。

地点原则即要求着装者依据场合选择着装。在自己家里接待客人，可以穿着舒适但整洁的休闲服；如果是去公司或单位拜访，穿职业套装会显得专业；外出时要顾及当地的传统和风俗习惯，如去教堂或寺庙等场所，不能穿过露或过短的服装。

此外，虽然穿着打扮对一个人的仪表起着至关重要的作用。但是，不管选择怎样的穿着，你的举止同样重要，再优雅得体的穿着，都可能因为一个错误的举止而破坏别人对你的印象。一般而言，举止是否得体，对一个人的人际关系好坏有着很大的影响力。**在处人待事中，无论举手投足、或站立停靠、或行走活动，都在一定程度上透露出一个人的心理状态和内心活动。透过你的姿态，别人可以分析出你的内心世界。**事实上，很多时候，有人之所以遭到别人的厌恶，就是因为举手投足之间缺乏应有的气质或者是失礼，以至于在无意中给对方造成困扰，事后却又不知道弥补，自然造成双方的间隙。

给别人留下良好的第一印象

所谓第一印象，是陌生人在交往的过程中，所得到的有关对方的最初印象。第一印象，很可能决定别人对你一生的印象，此话一点不假。良好的人脉和个人发展，往往都是从结交陌生人开始。人们的社交范围往往不会仅仅局限于熟悉的人和环境。每天，我们在参加宴会、乘车坐船、住宿旅游等场合，都不可避免地与陌生人交往。珍惜并注意给人们留下的第一印象，有助于你拥有一个好人脉，更有助于你个人的发展。

只是，千万不要认为第一印象仅仅是指你的外表。成功学家曾经指出：第一印象的影响中，有 55% 来自你的外表，包括你的衣着、发型等；38% 来自你的仪态，包括你举手投足之间传达出来的气质，说话的声音、语调等；7% 来自谈话的内容。唯有从这几个方面入手，你才能呈现出良好的第一印象。

美籍华人蒋佩蓉女士对商务礼仪有着很深的研究。作为麻省理工学院中国首席面试官，蒋佩蓉女士曾经回忆起她在面试 MIT（Massachusetts Institute of Technology，麻省理工学院）本科候选人时一个学生的表现，对这名学生的第一印象颇为深刻。这位专家回忆道："南茜是我为麻省理工学院遴选中国新生时面试的一位学生。在我长期的面试经历中，我发现大部分中国学生虽然有不俗的学业表现，但在待人接物时往往显得有些拘谨局促，缺乏与人沟通的技巧。不过南茜显然不在此列，因为她除了拥有出色的形象，其仪态礼仪也相当出色。整个过程，我们不像各负重任的面试双方，反似在公园里并肩散步的一对好友。"

根据蒋佩蓉女士的回忆，南茜最让人难以忘怀的，不仅仅是她的形象、知识量和学术表现，因为这不是她独具的。她最能打动人的是她的心口如一、言行一致。她的感染力和善意的微笑能让初次见面的人感到舒适自在。更难能可贵的是，她不像其他人一样，自满于所获奖励或拼命展示自己的与众不同。

蒋佩蓉女士结合面试的经历，给我们提出了这些建议：如果你想给他人留下良好的第一印象，一定要做好充分的准备。就如南茜一样，为准备这次面试，她带来了研究论文摘要，以及配有照片与文字说明的主要实践活动目录。为表明 MIT 是她的第一选择，她带来了从 MIT 网站上下载并填写完备的"MIT 短期独立活动计划"和大学研究计划列表复印件，逐一向蒋佩蓉女士解释她对此感兴趣的原因，还询问了在 MIT 学习生活的细节，从中可以看出她的用心和兴致。不得不说，她认真研究 MIT 网站，充分利用其中信息的举动给面试官留下了深刻的第一印象。正是这个成功的第一印象，让南茜成功获得了麻省理工学院的录取通知。

良好的仪态和感觉，让南茜成功俘获了蒋佩蓉的心，留下了深刻的第一印象。我们知道，第一印象并非总是正确，但却总是最鲜明、最牢固的，并且决定着以后双方交往的过程。所以，对于这个“第一印象”，我们一定要慎重把握。

从上面的例子中我们可以看到，对于第一印象来说，仪表很重要，它是一个人的外在表现。除此之外，我们还要从谈话方式、谈话内容等方面去吸引人，用内在的东西给他人留下深刻印象。

芭芭拉·瓦尔特斯曾经说过：“在你的一生当中，总有一些时候可以毫不夸张地说命运取决于给人留下什么样的印象——其中包括寻求配偶的阶段和谋职期间。在这种时候，你是不甘屈居第二位的。”

怎样尽可能最大限度地把自己的长处表现出来，给他人留下美好并且深刻的印象，是一种可贵的本领。

成功者善于显示和宣传自己的长处。不论在什么场合，他们总是以自己在专业和社交两方面的谈吐举止尽可能给人们留下好感。

芭芭拉·瓦尔特斯回忆了她初次同阿曼德·哈默会面的情景。哈默是杰出的金融家，艺术品收藏家和著名的慈善家。他朝气蓬勃、充满活力。芭芭拉·瓦尔特斯发现他非常善于言谈，待人友善，毫无娇饰，使人为之倾倒。

他对芭芭拉·瓦尔特斯讲述了他过去的经历，他的热忱是很有感染力的。他本来是个医科学生，经过奋斗成为石油大王——这段不寻常的经历深深吸引了听者，听他慢慢讲述自己的经历，就像是看一部英雄人物的纪录影片。

他们每次见面，他详详细细地讲述自己一件件的往事——他由于眼光远大，胸怀大志，锲而不舍地把握机会，所以克服了许多难于逾越的障碍。听了他的经历，芭芭拉·瓦尔特斯认识到他的价值不只在于他取得的卓越成就，而且在于他对人们的真诚关怀。

如果有人不经意地听到他的谈话，也许会觉得他是吹牛、以自我为中心。但是，他把生活经历告诉给芭芭拉·瓦尔特斯，她的评价却大不相同。能够得知他才华横溢的某些具体情节，她觉得是深感荣幸的。他是个不同凡响，令人难忘的人。

哈默懂得如何表现自己，假如他对自己的才干保持缄默，是不会攀登到国际石油界和金融界的高峰的。他很善于让人们了解他的卓越才能和信用。

所以，想要追求更卓越人生表现的我们，需要建立优质的人脉。而**人脉的建立，是从成功地给人良好的第一印象开始的。**从现在起，就为自己的形象时刻做好准备吧，因为你不会知道，哪一天你会遇到自己生命中的贵人。你也不会知道，自己因为某些较为差劲的表现给人留下了多么糟糕的第一印象。所以，时刻准备着，向你遇到的所有人递出自己最完美的那张社交名片吧。

你可以从底层做起吗？

很多年轻人，尤其是刚刚从大学毕业的年轻人，常常会心比天高，渴望有伯乐慧眼识英才，渴望自己拥有一个很高的起点，能让自己充分发挥聪明才智。对于底层的职位，他们会感觉：我是受过高等教育的社会精英，怎么可以从底层做起呢？

事实上，越是高层管理人员越是难做。如果没有足够的历练和观察，即便给你一个很高的职位，你也未必能搞定。所以，当你的阅历和见识不够的时候，还是虚心学习为好。早点踏踏实实做点工作，才有望靠近自己的理想。能屈能伸，方是英雄本色。

如果你想要提升能力，就不必计较职位的高低，达到你的目的就够了。如果你没有明确的目的，想进入这家公司，但是它给你的职位太低，那么丢掉你的优越感，给自己一个锻炼的机会。

迈克是一家名牌大学的高才生，大学毕业后继续读研，后又读博士。他原以为凭响当当的博士学位证书，找一理想职位如探囊取物一般，可是他奔波了两周时间还是无人问津。后来由于自身经济危机的逼迫，他无奈地当了一家大公司的程序输入员。这份工作对于迈克来说，简直是大材小用，但是他干起来仍然是一丝不苟、精益求精。

不久，老板发现他能够看出程序中的错误，非一般的程序员所比。迈克告诉老板自己是某大学计算机专业的大学生后，老板提拔他当了主管。迈克当上主管后，增加了与老板的接触机会。又过了一段时间，老板发现迈克时常能够提出许多独到的、有价值的建议，远比一般的大学生要高明。此时，迈克出示了研究生证，老板看过证书后，又提拔他当了科研部经理。

迈克在科研部经理位置上，工作非常出色，开发出的新产品为公司赢得了丰厚的利润。老板觉得迈克跟别的部门经理还是不一样，此时迈克才拿出自己的博士文凭。因为经过一年多的了解，老板对迈克的能力水平有了全面的认识，第二天召开董事会，决定聘任迈克为公司副总。

迈克的故事很具吸引力。现在很多人抱怨社会不公平，埋怨没有伯乐，埋怨领导没眼光。其实，如果我们有真本事，就不必怕被别人小看了，只要抓住机会将你的才华显现出来，就一定能够获得应有的尊重和承认。

每一个行业中顶尖的人才都是经历过市场锤炼的。如果你还年轻，那么对你来说，重要的是要敢想、敢冒险，善于学习、善于从实践中获得经验。年轻人最大的资本就是可以毫无顾虑地做很多事情，这是一种积淀，所以说，趁年轻时多学习点东西，多尝试些有用的工作，绝对不是坏事。

一个人如果真有才华，那么他就应该懂得用其才华去创造

机会，而不是等着别人来赏赐机会。当一个人只停留在怀才不遇的感叹里，那么他的才华也会同时被自己感叹掉。是金子总会发光的。

维斯卡亚公司是美国 20 世纪 80 年代最为著名的机械制造公司，其产品销往全世界，并代表着当今重型机械制造业的最高水平。许多人毕业后到该公司求职遭拒绝，原因很简单，该公司的高技术人员爆满，不再需要各种高技术人才。但是令人垂涎的待遇和足以自豪、炫耀的地位仍然向那些有志的求职者闪烁着诱人的光环。

詹姆斯和许多人的命运一样，在该公司每年一次的用人测试会上被拒绝申请，其实这时的用人测试会已经是徒有虚名了。詹姆斯并没有死心，他发誓一定要进入维斯卡亚重型机械制造公司。于是他采取了一个特殊的策略——假装自己一无所长。

他先找到公司人事部，提出为该公司无偿提供劳动力，请求公司分派给他任何工作，他都不计任何报酬来完成。公司起初觉得这简直不可思议，但考虑到不用任何花费，也用不着操心，于是便分派他去打扫车间里的废铁屑。一年来，詹姆斯勤勤恳恳地重复着这种简单但是劳累的工作。为了糊口，下班后他还要去酒吧打工。这样虽然得到老板及工人们的好感，但是仍然没有一个人提到录用他的问题。

1990 年初，公司的许多订单纷纷被退回，理由均是产品质量有问题，为此公司将蒙受巨大的损失。公司董事会为了挽救颓势，紧急召开会议商议解决，当会议进行一大半却尚未见眉目时，詹姆斯闯入会议室，提出要直接见总经理。在会上，詹姆斯把对这一问题出现的原因做了令人信服的解释，并且就工程技术上的问题提出了自己的看法，随后拿出了自己对产品的改造设计图。这个设计非常先进，恰到好处地保留了原来机械的优点，同时克服了已出现的弊病。总经理及董事会的董事见到这个编外清洁工如此精明在行，便询问他的背景以及现状。詹姆斯面对公司的最高决策者们，将自己的意图和盘托出，经董事会举手表决，詹姆斯当即被聘为公司负责生产技术问题的副总经理。

原来，詹姆斯在做清扫工时，利用清扫工到处走动的特点，细心察看了整个公司各部门的生产情况，并一一做了详细记录，发现了所存在的技术性问题并想出解决的办法。为此，他花了近一年的时间搞设计，做了大量的统计数据，为最后一展雄姿奠定了基础。

詹姆斯不愧是一个聪明人，他知道是金子总会发光的道理。他在推销自己的过程中能够不争一时的先后，才华不外露，锋芒内敛；他目光远大，为自己的发展准备了充分的条件，因此最终获得了成功。与其成天报怨，积愤厌俗，不妨放下身段，以低姿态融入自己的单位环境中来，从小处也能体现自己的人生价值，因为任何经历，都是宝贵的财富。

不过，虽然每一个行业都有其存在的价值，每一个岗位也都有不可替代的作用。职位不分贵贱高低，你可以从最底层做起，但你一定不能不思进取，甘于平庸。不要给自己找借口，无论什么职业，都可以不断学习创新。是否能够成功地从目前的工作中脱颖而出，关键是我们自己的选择，是得过且过，还是追求卓越。

适应力强的人不被淘汰

萧伯纳曾经说过："明白事理的人使自己适应世界，不明事理的人想使世界适应自己。"蒙田也曾经说过："既然不能驾驭外界，我就驾驭自己；如果外界不适应我，那么我就去适应他们。"如果你无法调整心态、随遇而安，像"变色龙"一样适应环境，那你便只能面临被这个世界淘汰的命运。

"适者生存、能者成功"，这是对精彩人生核心能力——适应力的最好诠释。**我们每个人的一生，都是一个不断适应环境、改造环境，从而完善自我的过程。**二十多岁的你，需要以先求生存，再求发展的策略，来逐步求得人生的发展。我们人生的每一个转折点面临的都是一个全新的环境，而这种环境又是不断变化发展，不以人的意志为转移，我们唯一能做的便是以出色的适应力，稳扎稳打地稳步打拼。

雪莉大学管理专业毕业后，便通过招聘程序顺利进入美国一家中型企业工作。在同学当中，雪莉算是比较优秀的一员，找到的这份工作也相当不错。刚到企业的前几天，雪莉充满着好奇，充满着骄傲。可是没过几天，她便开始产生了不适应的各种状况，也不喜欢这个企业了，觉得与自己理想中的企业相差太远。就以自己的管理专业为例，如果说这个企业管理正规，但却有好多管理漏洞连自己都能看出来；如果说管理不正规，但工作时的纪律却又十分严格，管得她连气都喘不过来。于是，雪莉开始嫌弃自己的工作，每天不停地牢骚。有一次，雪莉暗地里抱怨："这个企业怎么浑身是毛病，干着真没意思。"不知怎么传到上司耳朵里，还没等到雪莉对这个企业真正有所认识，就被炒了鱿鱼。开始雪莉还满不在乎，觉得反正自己也没看好他们，走了没有所谓，可是，当她再次在求职大军中奔波了三个月，还没找到好于这样"浑身是毛病"企业的时候，她心中才感到十分后悔：原来那个管理"松紧无度"的企业是最为恰到好处的。

其实，像雪莉这样的案例，许多初涉职场的人都有经历。作家翁静玉曾经在《办公室物语》用"草莓族"一词来形容过这样一类人。他们有着草莓光鲜亮丽、甜中带酸的生涩，以及在温室中长大、一捏就破的特性，在初入职场时很容易因一些不适应的状况而轻言放弃。像雪莉这样的"草莓族"，关键在于没有把握好职场的适应力法则。

很多年轻人走出校园时，会发现周围的工作环境有许多不合意之处。其实，这并非代表企业真的有多大的"过错"，也不代表你不适合职场的发展，这只是你初涉职场时不适应的表现。只要调整心态，度过这一个调适期，你也能成为一个应对自如的职场达人。

从清华大学计算机系毕业的陈平，也有过这样一段艰涩的调适期，这也成为他人生一段十分值得回味的经历。毕业后，陈平如愿以偿地进入了国内顶级的软件公司工作。进公司后，踌躇满志的陈平为自己制定了远大的人生目标，发誓在最短的时间内出人头地。但陈平万万没有想过，自己一进职场就遇到了一个大难题。一个月过去后，他仍然没能完全适应公司这个大环境。强大的工作强度，剑拔弩张的同事关系，势同水火的上下级关系，都让他力不从心、苦不堪言。渐渐地，先前意气风发的陈平完全变成了另一个人，整天愁眉苦脸。为了帮助自己摆脱眼前的困境，陈平决定寻求心理医生的帮助。

在心理医生的指导下，陈平开始寻找自己不能融入新环境的根源，并努力掌握一些提高职场适应力的方略，他又对自己的前途恢复信心。第二天一大早，陈平满脸微笑地走进公司，亲切地和上司、同事打招呼。中午吃饭时，他主动约同事一起去吃饭，一路上和他们谈笑风生。下午下班时，他也和同事们结伴而行。虽然在最初的几天，同事对他的态度并没有什么变化，但没过多久，他们之间的关系就得到了明显的改善，融洽、和谐的办公室环境让陈平露出了久违的笑容。陈平通过自己的努力，成功度过了困扰自己多时的职场不适症状，终于可以放开手脚在事业中放手一搏。

对于二十多岁的年轻人而言，你一定要先求生存、再图发展。进入职场新环境，你需要懂得调适自己，让自己融入新环境中。面对不利的环境时，不要希望用逃避解决问题，而应当努力增强自己的适应能力。你必须努力转换角色，以最短的时间适应职场的发展，这样才不至于被社会淘汰。

当然，适应力的培养并非一蹴而就，需要一个或长或短的过渡期。如果你的适应能力较强，就会很快找到自己的位置，促进自己的成长和发展；反之，如果你的适应能力较差，则会迷失方向，甚至失去进取的信心和勇气，自此一蹶不振。那么，我们如何顺利度过这一调适期呢？

此时，调整自己的期望值便成为调整自己适应力的关键。其实，我们可以用一种“潜水”的心态，以期顺利度过适应期。在潜水期，你所要做的不是改变，而是适应；不是爆发，而是容忍。学会积累，学会容忍，是每一个新人的必修课。在适应期中你会遇到很多挫折、很多不解，有些是你的错，有些并不是你的错，但无论如何，既然已经发生了，你便要尝试着接受并适应。

物竞天择，适者生存。**人生路上，适应力是工作能力得以发挥的基础。**进入职场后，你能否顺利完成从“学校人”到“职业人”的转型过渡过程？能否与企业融合、与同事融洽？适应力都是关键。我们虽然无法改变职场的环境，但却可以改变自己以适应职场环境，求得更进一步的发展，向“草莓族”和“不适应症”告别。既然选择了远方，就只顾风雨兼程，义无反顾。从此刻起，用适应力先求生存，再求发展。

不要经常转换航向

纵观历史，任何一个时代，成功者总是少数，而不成功者可以分为两种，一种是本来就没有志向的人，他们既然都没有了成功的欲望，当然也就无所谓成功了；另一种就是见异思迁、理想多多的人，花费了无限的精力于改变自己的航向上。今天想唱歌，明天又换跳舞，换来换去时间空自流，人到老却一事无成。二十几岁的你，正处于人生的十字路口，内心也没有那么坚定的力量，所以很容易受到外界的影响而改变自己的方向，这样是很危险的。

在茫茫的大草原上，有一位猎人和三个儿子。这天老猎人要带上三个儿子去草原上猎野兔。一切准备得当，四个人来到了草原上，这时老猎人向三个儿子提出了一个问题："你们看到了什么呢？"

老大回答道："我看到了我们手里的猎枪，草原上奔跑的野兔，还有一望无垠的草原。"

父亲摇摇头说："不对。"

老二的回答是："我看到了爸爸、大哥、弟弟、猎枪、野兔，还有茫茫无垠的草原。"

父亲又摇摇头说："不对。"

而老三的回答只有一句话："我只看到了野兔。"

这时父亲才说："你答对了。"

果然，老三打到的猎物最多。

眼中只有猎物的老三能猎到最多的猎物，是因为他目标专一，没有游移不定。但事实证明，大多数的人都有一个共同的悲哀——目标游移不定。没有明确的目标，又怎么去着手准备工作呢？最后只能一事无成。

所以，**也许你面前有很多诱惑，看起来每个航向都充满了精彩的风景，而且年轻的你人生有无数可能，但是，你还是不可以经常转换航向。**当你为自己选择了目标和方向之后，就要专注对待它。

专注于一件事，就是当你做这件事时，别计划着另一件事；而当你计划着这件事时，也别做着别的事。不管你想或做什么，就好好地把焦点放在你想或所做的事情上。当你和人们谈话的时候，就一心一意地谈话；当你工作的时候，就把心思放在手头的工作上。

专注之所以重要，是因为只有集中精力，你才能够把自己的时间、精力和智慧凝聚到所要干的事情上，从而最大限度地发挥积极性、主动性和创造性，努力实现自己的目标。

勒韦是美国的著名医师及药理学家，1936 年荣获诺贝尔生理学及医学奖。

勒韦 1873 年出生于德国法兰克福的一个犹太人家庭。从小喜欢艺术，绘画和音乐都有一定的水平。但他的父母是犹太人，他们对犹太人深受各种歧视和迫害心有余悸，不断敦促儿子不要学习和从事那些涉及意识形态的行业，要他专攻一门科学技术。他们认为，学好数理化，可以走遍天下都不怕。

在父母的教育下，勒韦进入大学学习时，放弃了自己原来的爱好和专长，进入斯特拉斯堡大学医学院学习。

勒韦是一位勤奋志坚的学生，他不怕从头学起，他相信专注于一，必定会成功。他带着这一心态，很快进入了角色，他专心致志于医学课程的学习。心态是行动的推进器，他在医学院攻读时，被导师的学识和专心钻研精神所吸引。这位导师叫淄宁教授，是著名的内科医生。勒韦在这位教授的指导下，学业进展很快，并深深体会到医学也大有施展才华的天地。

勒韦从医学院毕业后，他先后在欧洲及美国一些大学从事医学专业研究，在药理学方面取得较大进展。由于他在学术上的成就，奥地利的格拉茨大学于 1921 年聘请他为药理教授，专门从事教学和研究。在那里他开始了神经学的研究，通过青蛙迷走神经的试验，第一次证明了某些神经合成的化学物质可将刺激从一个神经细胞传至另一个细胞，又可将刺激从神经元传到应答器官。他把这种化学物质称为乙酰胆碱。1929 年他又从动物组织分离出该物质。勒韦对化学传递的研究成果是一个前人未有的突破，对药理及医学上做出了重大贡献，因此，1936 年他与戴尔获得了诺贝尔生理学及医学奖。

勒韦是犹太人，尽管他是杰出的教授和医学家，但也如其他犹太人一样，在德国遭受了纳粹的迫害。当局把他逮捕，并没收了他的全部财产，还取消了他的德国国籍。后来，他逃脱了纳粹的监察，辗转到了美国，并加入了美国籍，受聘于纽约大学医学院，开始了对糖尿病、肾上腺素的专门研究。勒韦对每一项新的科研，都能专注于一。不久，他这几个项目都获得新的突破，特别是设计出检测胰脏疾病的勒韦氏检验法，对人类医学又做出了重大贡献。

勒韦及时调整了自己的方向，然后把自己的一生都献给了医学事业，他没有半途而废，而是一直专注于自己的研究，他没有让任何事情扰乱自己的脚步，因为他很清楚自己要什么，他也明白要在这个领域做到最好就要一心一意，不能被其他的事情牵绊。

很多人恰恰和勒韦相反，他们最常犯的错误就是兴趣太广泛，爱好众多，贪心不足，站在这山望那山高，朝三暮四，浅尝辄止，不停地挖井，一辈子喝不到水。很多才华横溢的人，会的事情太多，所以什么都干，到头来什么都没干成，因为他们既想做这个也想做那个，没有踏踏实实地专注于某一件。

电影《阿甘正传》中的阿甘肯定是不够聪明的，但他成功了，就是因为他不会一改再改，而是死心塌地照着自己的想法去做。我们绝大多数人都比阿甘聪明，但却不能专注，所以很难坚持。有的人目标很多，理想很多，可是从来不能坚持走一条路，于是到头来还是一事无成；也有的人，在树立了目标之后，总是急于求成，想要一步登天，这样也是不行的。成功是一件辛苦的事，就像酿酒一样，如果你没有足够的耐心，提早打开了坛子，最后得到的只是一坛醋。只有专注、持久，才能得到理想的结果。

忍，是突破逆境的关键

年轻的你，也许没有机会生来就站在高枝上，但假如你不甘屈居人下，就应该**像寒冬中、地层下的小草那样，在艰难的日子里不断积蓄力量，从泥土中吸取养分，等到春风吹来的时候，一鼓作气冲破地层的压迫，向世界展示绿色的力量**；就应该像火山那样慢慢积蓄热能，等待时机成熟，轰然爆出无与伦比的奇观。

翻开史书我们可以看到，圣贤是忍出来，领袖是忍出来的；帝王将相要忍，平民百姓要忍，二三十岁的你更要学会忍。遇事能忍的人，做事就能成功，原因在于，有雅量就能体谅别人，有耐心就不怕好事多磨。稍不满意，就大发雷霆；有很小的事不如意，就愤而发作；有一点优点，就向别人炫耀；听到一句称赞自己的话，就喜形于色……这些都是不能忍的表现，这种人只有小福气。苏轼在《留侯论》里说得明白，忍人所不能忍，才能成人所不能成。

奥斯卡最佳导演获奖者李安，在海内外享有很高声誉，但是常常被一些人说成成功多半靠运气。因为有的人花了半辈子的时间，在电影的根基上慢慢磨、慢慢熬，才有今天的成就；李安却花了不到 8 年时间，就拥有了国际性的声誉。或许批评李安成功是“靠运气”，会令他感到不服气，因为人们只关注到了他的成功，却不知他为此付出的忍耐。1978 年，李安到美国攻读戏剧，1983 年顺利拿到硕士文凭后，李安花了一年的时间制作自己的毕业作品。毕业作品得到了当年最佳作品奖的荣誉，这也吸引了经纪人公司的注意，除了与他签约，还表示要推荐李安到好莱坞发展。

进好莱坞发展几乎是每个电影人的梦想，李安也不能免俗。可是签了约后，原以为就要美梦成真，但事情并不如想象中美好。所谓的经纪人，并不是帮他介绍工作的，而是要他有了作品后，再代表他把这部作品推销出去。然而没有剧本，哪来的作品？于是毕业后的李安，只能专心埋首于剧本的创作。墙上的日历就像李安笔下的稿纸一样，一张撕了又一张，他待在家里写剧本，整整六年的时间。

6 年后，电影《推手》一经推出，即受到来自各界的瞩目与好评，让李安六年的蛰伏有了肯定。他说：“6 年不是一段短时间，如果没有相当的耐心，可能早已消沉了。6 年之中，我最大的体会就是，身处逆境中千万不要焦躁不安、惊慌失措及盲目挣扎，我庆幸自己做到了忍耐的功夫，才有今日的成就。”

“忍”不仅是一种做人的态度，也是一种做事的方式，面对人生的曲折需要忍，在具体做事时也需要忍。你可能无法想象到，著名的金融大鳄索罗斯也是“忍”功高手。

1989 年 11 月两德统一后，索罗斯就意识到，欧洲货币汇率机制可能无法继续维持。当时英国经济处于不景气状态，利率很高。如果要维持高利率以支撑英镑币值的话，无疑是令英国经济雪上加霜。于是英国金融当局只能寄希望于外在因素，即德国马克能降低利率。索罗斯就瞄准了这一点，他相信处于东德重建、经济已严重过热的德国，不会冒加重自己通货膨胀的危险而降低马克利率。于是，英国金融形势在这一日益激化的矛盾中熬过了三年，饥饿的“鳄鱼”索罗斯也耐心地蛰伏了三年。1992 年 8 月 28 日，他感到机会最好的那一天，便轰然张开了血盆大口，以极其迅猛的方式，在现汇、期货、期权市场同时打击英镑，“鳄鱼”嘴狠狠地咬住了英格兰银行——英国的中央银行。

英格兰银行动用 120 亿美元去买进英镑时，索罗斯听到这个消息，他豪气盖天地说：“我正准备抛空这个数量。”于是，一时间英格兰银行损失惨重，惨叫阵阵。在“鳄鱼”有力的撕咬咀嚼中，英格兰银行，渐渐力不从心，英镑直线下跌，直至宣布退出欧洲货币体系。英镑汇率由 2.1 变为 1.7，索罗斯因此获取 20 多亿美元，个人收入 6.5 亿美元，名列 1992 年华尔街个人赢利榜首，至今仍被金融投资者和投资学教科书所津津乐道。

三年的忍耐，最终成就了索罗斯的霸业。

虽然很多人都明白，自己应该学会忍耐。**然而，有太多人急功近利，总幻想着不劳而获或者说少劳多获的成功，这样他们往往要为自己的浮躁付出代价。**在这个物欲横流的社会，十年磨一剑，是我们都应该具备的一种良好心态。

正所谓“尺蠖之屈，以求信也；龙蛇之蛰，以存身也”，隐藏自己的才华，隐蔽自己的目的，这是力量不足、处于劣势时保护自己，以待今后东山再起的良谋。

我们尤其需要注意的是，“春风得意马蹄疾，一日看尽长安花”，许多人在成功前的时候还能刻苦自励，一旦春风得意，进入顺境，就放松了，得意忘形，言行举止失了分寸，灾难祸害很快就随之而至。所以要居安思危，在逆境中要忍，在顺境中也不能忘了忍。

19世纪晚期，普鲁士王国铁血首相俾斯麦发动对法战争，一举击败当时的法国皇帝拿破仑三世，并成立了德意志帝国。由于德意志帝国靠战争起家，俾斯麦知道西边的法国随时想报仇，他深知，德国地处欧洲中心而无天然屏障，其国际安全地位十分脆弱。他告诫德国人，“我们的利益就是保护和平”，“要尽可能地防止战争或限制战争的范围”。于是他运用外交手段，西与英国交好，东与俄皇称兄道弟，一直到他于1890年正式下野为止，在对外政策上韬光养晦，不露锋芒，德意志帝国的国运稳健，逐步发展为世界强国。

然而德意志帝国的后继者并不明白忍耐的意义，年轻的德皇威廉二世自我感觉良好而又野心勃勃，也不明白“忍”的意义，他放弃了俾斯麦韬光养晦、小心谨慎的对外政策，全力开始执行海外扩张计划，走上了漫无边际的帝国主义扩张之路。德意志帝国在俾斯麦去世二十多年后就在一战的战火中覆灭了。

也许，对于二三十岁血气方刚的年轻人来说，“忍”的能力可能有些困难，但是只有学会了“忍”，才不会在社会中处处碰壁，才有机会实现自我价值；只有学会忍，才能克服诱惑与冲动把事做好。**只要我们能耐得住寂寞，不浮躁，经常保持平静的心情，在忍耐中积极吸收、兼容并蓄、积极进取，最终总会有所作为。**

学会安排好自己的时间

年轻的你，看起来似乎拥有大把时间可以挥霍，事实上呢？**你很清楚青春的时光有多么宝贵，不仅仅因为它是你人生中最有创造力、最有活力的时光，更因为它是为未来人生做准备的重要时段。**在如此宝贵的青春时光里，你懂得安排自己的时间吗？

要知道，人生路说长也很长，说短也只有短短数十年，但人活在这世上要学的东西很多，在有限的时间里，如何让自己学到更多的东西，只有通过珍惜自己手中的时间，善于利用时间的人，才能够在单位时间内提高你的时间利用率。

拿破仑·希尔指出，利用好时间是非常重要的，一天的时间如果不好好规划一下，就会白白浪费掉，就会消失得无影无踪，我们就会一无所成。也许你会认为，这儿几分钟，那儿几小时没什么用,但它们的作用很大。时间上的这种差别非常微妙，要过几十年才看得出来。但有时这种差别又很明显，贝尔就是这个例子。贝尔在研制电话机时，另一个叫格雷的也在进行这项试验。两个人几乎同时获得了突破，但是贝尔到达专利局比格雷早了两小时，当然，这两人是互不知道对方的，但贝尔就因这 120 分钟而取得了成功。因此，如果想成功，必须重视时间的价值。

在许多人眼里，命运似乎对苏联的昆虫学家柳比歇夫太不公平了。柳比歇夫没有过人的天赋，也没有令人羡慕的成长环境，小时候因为顽皮曾摔断胳膊，年轻时溜冰又摔伤了后脑壳，成年后又不幸染上了肺结核，还在历次政治斗争中挨过整。他似乎注定要像绝大多数人一样度过一个平凡且平庸的一生，但他自己创造的“时间统计法”拯救了他，让他真正地成了时间的主人，同时也给他 82 年的人生旅途带来了惊人的科学成果。他共出版了 70 多部学术著作，内容涉猎遗传学、科学史、昆虫学、植物保护、进化论、哲学等。不仅如此，让人难以置信的是，在紧张的科研中，他每天竟能保持 10 小时左右的睡眠，并长期坚持参加娱乐活动、体育锻炼。

他的时间是从哪里来的？

原来，他从 1916 年起就为自己设计了一个时间表，每天检查，一天一小结，一月一大结，年终一总结，直到 1972 年他去世，56 年从未间断。**他每天的各项活动，包括写作、看书、读报、休息、散步、娱乐，甚至和子女交流情感的时间都历历在案，不仅每个细节密无所遗，而且各种事情耗时的起止时间误差不超过 5 分钟。**柳比歇夫在统计表中，把所有的毛时间都扣除，只注重每天纯时间的数量。他总结说：“纯时间要比毛时间少得多。我每天做学术工作的时间最多是 11.5 小时，一般能有七八小时的纯工作时间，我就心满意足了。”

柳比歇夫还把一昼夜中的有效时间分为三个单位，分别从事两类工作：一类是创造性的科研工作，一类是不属于直接科研的其他活动，所有计算过的工作量都努力按时完成。有了大的精确的时间统计，柳比歇夫对各个单项也有明确的统计。例如一年中看书、作文、听报告、会友、看电影的次数和时间。有一年，他在总结表上就有这样的记录：游泳 43 小时，同朋友、学生谈话 151 小时。

柳比歇夫之所以能有如此大的成就，和他的时间管理离不开关系，正是由于他懂得利用时间表，懂得不断为自己规划时间表，才能让他在有限的时间里迅速提高自身的时间效率，而让相同的时间成就更多的事情。

二三十岁的我们，也应该学习柳比歇夫的这种时间管理法，把自己所有的时间调动起来，为自己设计一张时间表，严格地按照这样的时间表去做，这样就可以更好地利用时间。

那么，我们该怎样驾驭时间、提高效率呢？方法可以概括为下列五个方面。

要善于集中时间。切忌平均分配时间。**要把自己有限的时间集中在处理最重要的事情上，**切记不可每样工作都抓，要有勇气并机智地拒绝不必要的事、次要的事。一件事情来了，首先要问：“这件事情值不值得做？”绝不可遇到事情就做，更不能因为反正做了事，没有偷懒，就心安理得。

要善于把握时间。时机是事物转折的关键时刻。抓住时机可以牵一发而动全局，以较小的代价取得较大的效果，促进事物的转化，推动事物向前发展。错过了时机，往往会使到手的成果付诸东流，造成“一着不慎，全局皆输”的严重后果。所以，成功人士必须善于审时度势，捕捉时机，把握“关节”，恰到“火候”，赢得时机。

要善于处理两类时间。对于一名成功人士来说，存在着两类时间：一类是属于自己控制的时间，称作“自由时间”；另一类是属于对他人他事的反应时间，不由自己支配，称作“应对时间”。

两类时间都客观存在，都是必要的。没有“自由时间”，完全处于被动、应付状态，不能自己支配时间，不是一名有效的领导者。但是，要完全控制自己的时间在客观上也是不可能的。没有“应对时间”，都想变为“自由时间”，实际上也就侵犯了别人的时间。因为个人的完全自由必然会造成他人的不自由。

要善于利用零散时间。时间不可能集中，往往出现很多零散时间。要珍惜并充分利用大大小小的零散时间，把零散时间用来从事零碎的工作，从而最大限度地提高工作效率。

要善于运用会议时间。召开会议是为了沟通信息、讨论问题、安排工作、协调意见、做出决定。会议时间运用得好，可以提高工作效率，节约大家的时间；运用得不好，反而会降低工作效率，浪费大家的时间。

时间安排是成功道路上必学的课题，从现在开始合理地安排时间，为自己制作一张科学合理的作息时间表吧。

第三章

这十年，你要学会积累人脉

为成功积累人脉

我们每个人都渴望成功，但成功需要哪些因素，你又是否清楚？激励大师安东尼·罗宾有一句话说得好："**人生最大的财富便是人脉关系，因为它能为你开启所需能力的每一道门，让你不断地成长，不断地贡献社会。**"常言说得好，三十岁以前是靠能力做事，三十岁以后则是靠能力和人脉。成功的事业和人生离不开良好的机遇、通达的信息和更高更广的事业平台。而这些，正是由我们三十岁之前所积累的人脉带来的。所以，如果你想要登顶人生的高峰，就一定要懂得，从此刻开始为成功积累人脉。

那么，我们该如何积累人脉呢？为成功积累人脉，你首先要学会整理自己的人脉账户。一个有序的人脉账户，你必须能从中了然人脉出处和人脉用处等重要信息。所谓人脉出处，是指人脉从何而来、因何结识。所谓人脉用处，则是指这一人脉的主要领域和主要能力。唯有理清这两点，在往后的人脉运用中，你才能有条不紊而敏锐出击。同时，通过这些清晰的人脉，你还可以进一步拓展更多的人脉，从而达到进一步积累的目的。

比尔·盖茨我们每个人都十分熟悉，他创造了一个个财富的神话，也激励一代代有志创业的青年。在分析比尔·盖茨的成功原因时，有些人会讲到他掌握了世界的大趋势，有些人会讲到他在电脑上的智慧和执着。但你也许还不知道，比尔·盖茨成功的另外一个重要原因，便是他懂得为成功积累人脉、运用人脉。

比尔·盖茨在积累、拓展人脉的过程中频频获胜，得益于他善于运用条例清晰的人脉账户。比尔·盖茨的人脉账户，可以细分到亲人关系、合作伙伴、国外朋友等明细，在这各个方面，他也都能灵活加以运用。首先，利用自己亲人的人脉资源。比尔·盖茨在 20 岁时便签到了第一份合约，这在许多人眼里是一个传奇。当时，他还是位在大学读书的学生，没有太多的人脉资源。他怎能钓到这么大的“鲸鱼”？可能很多人都不知道，比尔·盖茨之所以可以签到这份合约，中间有一个中介人便是他的母亲——IBM 的董事会董事，妈妈介绍儿子认识董事长，这不是很理所当然的事情吗？其次，利用国外朋友的人脉资源，让他们去调查国外的市场，以及开拓国外市场。比尔·盖茨开辟市场，积累日本的人脉，靠的其实都是他一个非常好的日本朋友叫彦西。彦西凭借自己的专业知识，为比尔·盖茨讲解了很多日本市场的特点，并通过自己的人脉，为比尔·盖茨找到了第一个日本个人电脑项目。最后，善于通过合作伙伴为自己积累人脉。保罗·艾伦及史蒂芬，可以称得上是比尔·盖茨的金牌合伙人。他们不仅为微软贡献他们的聪明才智，也贡献了他们诸多的人脉资源，这进一步帮助了比尔·盖茨人脉的积累。

所以，请不要认为积累人脉便是强势出击，此处寻找贵人，是通过对自己人脉存折的梳理和分析，你可以从中牵扯出一个个巨大的人脉网络。从亲人、朋友、合作伙伴中牵扯出来的人脉，虽然可能不再是你的亲人、朋友或是合作伙伴，但他们也会成为你人脉存折中的可靠资源。所以，千万不要忽视你人脉资源的本身潜力，通过不断地梳理、拓展，你的人脉资源将得到第一步也是最稳固的充实。

当然，如果你想要成功积累到足够的人脉，就不能仅仅依靠人脉存折本身的资源和有限的拓展。在社交往来中，如果你遇到值得结识的人脉，就应当赶紧行动起来，而不要再畏首畏尾。**要赢得他人的欣赏和认同，我们必须停止担忧他人是不是喜欢我们，而应该努力发展出激发他人喜欢的基本素质，做出使他人喜欢的行动。**为了赢得他们的友谊和感情，我们必须首先抱有付出而不是接受的态度。人脉，确实是需要“赢取”的。

著名作家荷马·柯罗依很有交友的天赋。他所见到的每一个人——清洁工、百万富翁、小孩，在与他相处 15 分钟之后就会感受到一股暖暖的温情。可是，荷马并不年轻，也不富裕，更不英俊。但是每一个见到他的人很快就知道他是喜欢自己的。

其实，荷马受人欢迎的秘诀非常简单——告诉自己我要喜欢他。当他遇到一个陌生人的时候，他能立刻让他们成为自己的朋友，不是靠谈论他自己，而是依靠与那个陌生人谈他的一切——来自何方，职业是什么，家里怎么样？他并非多管闲事，而是真的对这位新识之人感兴趣，真的想知道这些。所以，荷马从来没有为没有朋友烦恼过，他对每一个人来说都是朋友，人家究竟喜不喜欢，他并不关心。他只是把心思放在喜欢别人身上，而不是放在可能产生的结果上。

所以，当你发现一个值得交往之人时，就赶紧行动起来吧。赢得朋友、充实人脉存折的全部秘诀是不要担心结果，不要担心他人会不会喜欢我们，立刻动手做那些会激发爱和友情的事情吧！要使这种态度发挥效力，就必须在行动上表现出来。光是有一颗纯真善良的心是远远不够的，必须将它表现出来才有价值，“观其果知其因”。从此刻起，你需要不断地为自己的成功积累人脉，让自己受益一生！

和你来往的人，决定你的价值

谈到成功的捷径，我们可以听听雅芳CEO（Chief Executive Officer，首席执行官）钟彬娴曾经说过的话："找个贵人帮自己。"不论你多穷，只要想变得富有，你都可以做到。找个有钱的贵人帮助自己，即使这个贵人不能亲自帮助你理财，跟他站在一起也是好的。因为这样你可以汲取他们的致富思想，你也可以跟着他。他去做某件事情的时候，你也去做。你就很容易能尝到甜头，实现自己的目标。

罗伯特是全球畅销书《富爸爸穷爸爸》的作者。有一次在上海做理财演讲的时候，有的学员问："一个人的经济状况与什么人相关？"罗伯特没有直接回答这个问题，而是要求每个学员写下十位自己最亲近朋友的详细情况，包括他们的职业、公司的大小、财务状况，是否有房子、车子等。

当在场的三百多位学员把这十位最亲近朋友的详细情况写完后，

罗伯特说："现在，请各位把自己的经济状况与最亲近朋友的状况做一番对照和比较，然后看看能否发现，彼此之间的经济状况是否差不多。"

大家通过对比和比较，惊讶地发现：出租车司机的朋友，大多是出租车司机；医生的朋友大多是医生；教师的朋友大多是教师；读 MBA 的朋友，大多也在读 MBA；老板的朋友，大多是老板；富翁的朋友，大多是富翁……有汽车的人，他的朋友大多也有汽车；有两套房子的人，他的朋友也有两套房子；有百万左右资产的人，他的朋友大多也有百万左右的资产……

此时，罗伯特正面回答说："一个人的经济状况，与拥有什么样的朋友密切相关。用中国的老话讲，就是物以类聚，人以群分；近朱者赤，近墨者黑。"

一个人要想有所成就，就尽量结交有价值的朋友。和你来往的人，决定着你的地位和价值。为了个人更好地发展，我们应该多结交有身份有地位的人，虽然我们与他们有着一定的沟通障碍，但只要方法得当，完全可以打破障碍与之正常交往，乃至发展友情。那么，该怎样与有身份的人发展友情呢？

第一要做到尊重对方，严谨有致。要建立友情，首先要准确把握双方关系，给其以相应的位置，充分表现出对他的尊重恭谨。这是对双方关系的确认和定位，也是对对方的一种尊重愿望的满足。

泰勒很得一位公司老总的赏识。这位领导是教师出身，也平易近人。他与泰勒并未谋面，但他赞赏泰勒的才华，便约请泰勒与他聊聊。但是泰勒在领导面前并没有得意忘形，忘乎所以，言谈举止都严谨得宜，很有分寸，注重距离。领导虽性情开朗，多次表示要泰勒随意些，但还是对泰勒的举动发自内心的高兴，他觉得没有看错人。就这样，泰勒与那位领导逐步建立了友情。

第二是切忌奉承，不卑不亢。尊重是有原则的。如果不顾原则，另有目的，那就会对长者表现出阿谀奉承来。这表面上看似是尊重对方，其实它与尊重是有不同的本质的。阿谀奉承，虚情假意，夸大其词，别有用心，只能让长者反感、厌恶、痛恨。本来可以建立友情，但因双方失去真情而无法发展下去。当然，我们也不能排除个别长者好大喜功，乐于听奉承话、看媚态的，但这样的长者有必要与他发展友情吗？

第三是要做到态度自然，不必拘谨。长者无论地位，还是阅历、学识，都高我们一筹。与他们交往，常令我们肃然起敬。我们作为平常人，尤其是未见过世面的青年人，在这种情势下往往会感到有些不自然。其实，长者也是我们平等的交际对象，也是一种自然的交往关系，我们一方面要尊重于彼，另一方面也立足于自己，守住方寸，保持本色，自然而正常地交往，不必拘谨。这反倒能显示自己的交际魅力，会赢得对方的认可和尊重，长者也会乐意与我们发展友情。

约翰是有才华求上进的青年人，他很想与一些德高望重的前辈交往，可最终结果都是以失败告终。究其原因，主要是约翰太拘谨了，一副窝窝囊囊、畏畏缩缩的样子，当然让前辈大失所望，怎会与他发展友情呢。

第四是要做到巧托会配，不可狂妄。从交往的过程来说，长者是交际的主角，而我们则是配角，处于次要地位。这是交际的现状，也是交际规律，是由彼此的交往身份和交际能量决定的。我们要积极支持长者，热情配合长者，服从需要，听候调遣。这是合乎交际现实的，不仅不会损害自己的“身价”，而且会取得长者的信任。但是，如果不能摆正这层关系，不恰当地显示自己的能耐，卖弄自己的才华，以至背弃、排挤长者，就往往会适得其反。

安华总希望展露才华，让一位他最敬重的老人认可他。一次，老人在晚会上唱京剧，虽然唱得不算好，但还是赢得了掌声，安华又想，自己亮亮嗓子必会让老人有知音之感。于是一曲京剧唱得嘹亮高亢，老人却在台上感到很不自然。安华虽是善意，但如此“抵”老人，老人还会同他发展友情吗?

第五是**要主动真诚，做出姿态。**一般来说，长者的行为是要与自己身份、地位保持一致的。他们一般不会主动与我们交往，而作为平常人，地位比他低，**只要主动积极，充满真诚，先迈出一步，做出友好的姿态，这是尊长敬上的美德，也是交际的惯例。**

艾维尔在一次会议上结识了一位有成就的作家，他十分珍惜这层关系，可他是个平常的人，又是小字辈，当然并没有引起作家的注意。但艾维尔视之为自然，更没有赌气，他每逢节日必寄贺卡给这位作家，最终让作家记住了这个真诚的年轻人，并与他有了不寻常的友情。

除了以上所说，还有一点就是要求助求教，接受呵护。长者是力量的象征，在他面前，我们显得很弱小稚嫩，所以要接受并求得呵护。这一则是我们与长者交往所寻求和迫切需要得到的东西，二则作为长者，他也会从中获得施与和扶持之乐，是一种自我价值的实现。值得注意的是寻找呵护一要尊重长者的愿望，二要适度得宜，不可仰仗、依附于长者。这包括恰当的求助及一定程度上的求教。这会获得长者的认可，并圆满获取他的友情。

总之，多结交那些对自己有帮助、能提升自己地位的朋友、贵人，经营好这一人脉资源，它会把你的事业一步步推向高峰。甚至，有时候，它会决定着你的命运。你有没有这样的感觉，当你和穷人在一起待的时间长了，你就很容易会有他们那样的思维模式，很容易有他们那样的心态。当然，做出的事情也会让你走向贫穷。相同的道理，你如果和有钱的贵人站在一起，你就会学到如何致富的思维方式和处世方式，时间长了，你就会脱离贫穷，走向富裕。

主动出击，与人接触

每个人都有一套积累人脉的方式，但是，如何才能有效率地提升人脉竞争力呢？要提升人脉竞争力有许多技巧，但是，前提是必须具备“自信与沟通能力”。**一个没有自信的人，总是怕被拒绝，因此不愿主动走出去与人交往，更不用说要拓展人脉了。**

西方人在参加鸡尾酒会或婚宴场合时，出发前都会先吃点东西，并提早到现场，因为那是他们认识更多陌生人的机会。但是，在华人社会里，大家对这种场合都有些害羞，不会太早到，还尽力找认识的人交谈，甚至好朋友约好坐一桌，以免碰到陌生人。因此，尽管许多机会就在我们身边，但我们总是平白让它流失。而人脉是越走越宽的，通过熟识的人来进一步扩大交际范围，其实并不像想象中的那么困难。

享誉美国的寿险推销大师甘道夫早年做推销员的时候，有一次拜访一位成功人士，问他：“您为什么取得如此辉煌的成就呢？”

成功人士回答："因为我知道一句神奇的格言。"

甘道夫说："您能说给我听吗？"

成功人士说："这句格言是：我需要你的帮助！"

甘道夫不解地问："您需要他们帮助您什么呢？"

成功人士答："每当遇到我的客户时，我都向他们说：我需要您的帮助，请您给我介绍 3 个您的朋友的名字，好吗？很多人答应帮忙，因为这对他们来说只是举手之劳。"

闻听此言，甘道夫如获至宝，他按照那位成功人士的经验，不断地复制"3"的倍数，数年之后，他的客户群像滚雪球一样越滚越大，通过真诚的交往和不懈的努力，他终于成为美国历史上第一位一年内销售超过 10 亿美元寿险的成功人士。

熟人介绍加快了与人信任的速度，提高了合作成功的概率，降低了交往成本，确实是一种人脉资源积累的捷径。所以，在商务活动中，我们要养成一些习惯性的话语，例如："如果有合适的客户或对象麻烦介绍给我，谢谢！""如果有需要这方面产品或服务的人，麻烦您告诉我。""我们今晚有活动，您可以带一些朋友一起过来。""您有这方面的朋友吗？是否介绍给我让我们认识一下。"等，这样的话多说几次之后，对方也会形成一种习惯性的思维，如果真有合适的客户或对象，他就会想起你说过的话。

而参与社团也是一种在自然状态下与他人互动建立关系，进而扩展自己的人脉网络的方法。在人际交往中，我们也许会遇到这一现象：平常太主动亲近陌生人时，容易遭受拒绝，但是参与社团时，人与人的交往在"自然"的情况下将更顺利。

为什么强调自然呢？因为人与人的交往、互动，最好在自然的情况下发生，这有助于建立情感和信任。透过社团里面的公益活动、休闲活动，产生人际互动和联系。

此外，还要注意加强对名片资源的管理。首先，当你和他人在不同场合交换名片时，务必详尽记录与对方会面的人、事、时、地、物。交际活动结束后，应回忆复习一下。第二天或过个两三天，主动打个电话或发个电邮，向对方表示结识的高兴让对方加深对你的印象和了解。其次,对名片进行分类管理。再次，养成经常翻看名片的习惯，工作的间隙，翻一下你的名片档案，给对方打一个问候的电话，发一个祝福的短信等，让对方感觉到你的存在和对他的关心与尊重。最后，定期对名片进行清理。将你手边所有的名片与相关资源数据做全面性整理。这些是管理自己手中他人名片的方式，那么，如何让别人记住我们呢？

世界第一的推销员乔·吉拉德在一次演讲时他把他的西装打开来，至少撒出了三千张名片在现场。他说："各位，这就是我成为世界第一名推销员的秘诀，演讲结束。"然后他就下场了。他认为，递名片的行为就像是农民在播种，播完种后，农民就会收获他所付出的劳动。当他去餐厅吃饭付账的时候，通常是多付一些小费给服务生，然后给他一盒自己的名片，让服务生帮助自己送给其他用餐的顾客。每当他寄送电话或网费账单的时候，也夹两张名片，人们打开信封就会了解到他的产品和服务。

乔·吉拉德说："我在不断地推销自己，我没有将自己藏起来。我要告诉我认识的每个人，我是谁，我在做什么，我在卖什么，我要让所有想买车的人都知道应该和我联系。我坚信推销无时无刻不在进行，但是很多销售人员往往意识不到这一点。”持续地人脉资源积累，为乔·吉拉德赢得了空前的成功。

行动起来，让你的人脉越来越宽，这就像勤走动使路越来越宽的道理一样简单明了。要积累人脉就需主动出击，好口才是为人处世重要资本，留下良好的印象，才能再次与人接触，选择切入时机，主动结识他人，学会毛遂自荐，不要总做台下观众，该出手时就出手，犹豫不决只会错失良机，与其痛苦接受，不如主动拒绝，倾听也是为了更好的说话。

抓住生命中的贵人

我们总能听到“遇见贵人”这样的词语，对于一个努力想要成功的人来说，“贵人”绝对是一个至关重要的存在。在每个人成长进步、事业发展、获取财源或争取利益的时候，贵人的作用就开始凸显得那样珍贵。

只是何为贵人？所谓的贵人就是指对你有很大帮助的人，可能是你的父母、兄弟姐妹、配偶、亲戚、同学、朋友、同事、领导，也可能是陌生人。

当你茫然无助的时候，他会为你指点迷津；当你急需帮助的时候，他能给你雪中送炭；当你因错误的言行和理念遭遇危机，偏离正确的方向而走向歧途的时候，他能帮你认知到自己的问题，并给你带来正确的方向和机会。贵人就是有利于你的力量，关键时刻帮你克服困难、摆脱危机。

1883年8月间的一个清晨，嘉柏丽尔·香奈儿出生在法国西南部的小镇索米尔。她的父亲是个小批发商，母亲生下她不久，父亲就抛弃了她们。母亲含辛茹苦，好不容易把她拉扯到6岁。一场大病，母亲又不幸去世，香奈儿成了一个孤儿，被送进了当地教会办的孤儿院。

多年后，当地有个名叫艾蒂安·巴尔桑的富家子弟，与香奈儿一见钟情，坠入爱河。但香奈儿不愿长期住在偏僻狭小的穆兰小镇，她迫切想出去见见大世面。于是，在20世纪初，巴尔桑把乡下孤女香奈儿带到了世界大都市巴黎。

到巴黎后，香奈儿激动不已，外面的精彩世界让她感到新鲜无比。凭着女性特有的爱美天性，在这五光十色、拥挤繁华的大都市中，香奈儿发现了一片亟待开垦的处女地，那就是巴黎妇女们毫无时代感的着装穿戴。

香奈儿经常流连街头，细心地观察研究过往行人的衣着，觉得她们的穿着既保守又没有时代感。于是她内心生发出一个梦想，让美丽的时装装扮这个都市，自己也决心当一名勇敢的拓荒者。可是她的男友巴尔桑对她的雄心壮志既不支持更不理解，两人为此经常发生争吵，最后不得不分道扬镳。

在陌生的巴黎，一个弱女子要想开拓一番事业是不容易的。在这关键时刻，卡佩尔向她伸出了援助之手。这个生性随和、不拘小节、家境富裕的异邦人，非常支持香奈儿献身服装业。

凭着强大梦想激发的力量，香奈儿小试锋芒便旗开得胜，这让她信心大增。她迈的步子越来越大，大胆设计，自行缝纫，全身心地投入服装改革之中。

香奈儿服装店的规模一年比一年扩大。她在康蓬大街接连买下5幢房子，建成了巴黎城最有名的时装店。

1922年，香奈儿引进并按她所谓的幸运数字命名的“香奈儿5号香水”，又一次大获成功。1924 年，香奈儿创建了香奈儿香水公司。畅销全球的香水为香奈儿的事业提供了雄厚的财政基础，使她成为当时世界上声名赫赫的富婆。她从一个只有 6 名店员的小老板，变成了一位拥有 4 家服装公司、几家香水厂以及一家女装珠宝饰物店的大企业主了。1953 年，71 岁的香奈儿向舆论界宣布：她要举办个人时装设计作品展，并将香奈儿服装推向美国及全世界。布丽埃勒・香奈儿在世界时装业中独占鳌头达 60 年之久。她自己也成了长盛不衰的时装女皇。

香奈儿在新都市里为自己找到了一个新的奋斗目标，并很好地跟自己的兴趣结合了起来，还得到了卡佩尔的帮助，成就了自己不朽的事业。如果安心住在乡下小屋，那香奈儿这辈子也许只是一个乡村姑娘；如果甘心嫁入豪门享受富贵，那她这辈子也只是一个阔太太。如果一百年前，这个柔弱的姑娘没有主动并坚实地走出那一步，如今的世界上缺少的将不仅仅只是一个品牌！

我们的生命充满了各种各样的可能，我们遇到的每一个贵人都有可能把自己推向一个高峰。甚至他们的举手之劳，就会改变我们的恶劣情况，都会成就我们。

然而贵人不会无缘无故地跑到你面前，他需要你用心去努力寻找，努力经营，用智慧去发现。并不是所有的贵人出现的时候，都金光闪闪，都带着一份逼人的荣耀；也并不是所有的贵人都蒙着一层神秘的面纱，让你无法接近。他们很可能就在你的身边，关键是你有没有用心去发现他们，有没有抓住机会得到他们的信任和赏识，进而被帮助和提携。

曾经获得美国新闻界最高奖励——普利策奖的记者伍德沃德是一

个积极主动为自己创造机会的人，也是一个不安分守己、不达目的誓不罢休的人，他紧紧地抓住了生命中的贵人——《华盛顿邮报》编辑部的主管喻利。

当他刚刚开始自己的职业生涯时，就一心想进入《华盛顿邮报》做一名记者。当时，喻利实在看不出这个小伙子有什么过人之处，就让副手安迪去应付他。安迪对伍德沃德说："喻利说可以给你一个机会，不过只有两个星期的时间，这两个星期是没有报酬的。"

两个星期很快就过去了。伍德沃德虽然干得很卖力，但采写的 17 篇稿子一篇也没见报。这天，还是在安迪的办公室里，伍德沃德听到了他最不愿意听到的话："小伙子，你很聪明，也很勤奋，但缺乏作为优秀记者的素养，而且这种素养你是很难具备的……"伍德沃德后来回忆说，他当时的感觉，如同被重重地踢了一脚。

无奈的伍德沃德只得在华盛顿附近的蒙特哥莫瑞找了一份工作。但他不甘心自己的命运被这两个星期的试用扼杀。没多久，他开始频频给喻利打电话，希望再给他一次机会。一次，正在度假的喻利又接到伍德沃德的电话，他不堪忍受伍德沃德的纠缠，禁不住大发脾气。倒是他的妻子冷静地说："你难道不认为这正是一个好记者必须具备的素质吗？"应该说，喻利是明智的，他听了妻子的话，让伍德沃德回到了《华盛顿邮报》。

1972 年 6 月，当人们茶余饭后笑谈"五个戴手套的男人闯入民主党全国委员会总部"时，伍德沃德从中嗅到了不同寻常的气味。于是，他和同事伯恩斯坦透过蛛丝马迹，穷追不舍，终于揭开了一个惊天黑幕——"水门事件"的真相。

"水门事件"让尼克松提前结束了总统生涯，让《华盛顿邮报》获得美国新闻界的最高奖——普利策奖，也让伍德沃德跻身世界知名记者的行列。

很多人认为伍德沃德的光芒是由于“水门事件”，然而真的是这样吗？如果没有喻利这位“贵人”，也许他永远不可能来到《华盛顿邮报》，不会有可以施展才能的空间，怎么会有后来的成功？可以说伍德沃德是幸运的，如果不是他在遭受拒绝后仍不灰心，积极联系主编以取得其信任，那么水门事件所成就的将会是另外一个甚至数个伍德沃德。

事实上，只要很努力，只要你热情而真诚地待人，认真做好自己的事，那么在我们需要的时候，贵人就会不经意地来到我们的身边，帮我们成就自己的事业。

向别人展示你的价值

不论是人脉资源的拓展，还是人脉资源网络的维护，要想做好人脉的经营工作，就需要具有很强的能力。自己的价值越来越高，有利于结交更好、更有价值的朋友，而且自己越有能力，“被利用”的价值也会越高，也越有利于与更好的朋友形成合作互利的关系，使之成为自己更有效、更稳固的人脉资源，彼此传递更多的价值，促成更多信息和价值的交流，为实现自己的人生价值创造出更多的机会。

一坛好酒，香飘四溢，从巷子的深处飘到大街上，从而路人皆知巷子深处有一坛好酒，这当然是在巷子并不深的前提下。假如巷子九曲回肠望不到尽头，那么这坛好酒终究免不了沦为平庸之物。至于是否是好酒，也就只有自己知道了。孤芳自赏一阵，再好的酒得不到别人的品尝也只是徒然。养在深闺人不知，这样的悲剧实在是太多了，很多美好的东西就是这样湮没在默默无闻之中。

有一匹千里马，身材瘦小，但却能矫健如飞，日行千里。这匹千里马混在众多的马匹之中，暗淡无光，没有多少人知道它有与众不同的奔跑能力，因为它看起来实在太瘦弱。马场的马一匹匹被买主买走，这匹千里马始终没有被人相中。但千里马并不为所动，在心里甚至耻笑那些庸庸之辈，对那些买主更是不屑一顾，认为他们目光短浅，若被他们挑中，还不如自己永远这样待着。马场的老板对这匹马渐渐没有了信心和耐心，给的草料数量和质量越来越糟糕。但千里马仍然信心很足，相信总有一天，一位伯乐会相中自己的。

有一天，真的来了一位伯乐，他在马场转了半天，来到了这匹千里马面前。千里马高兴极了，心想这下机会来了。伯乐拍了拍马背，要它跑跑看。千里马见伯乐如此举动，心里很是不快，如果是伯乐，肯定一眼就会相中我，为什么还不相信我，还要我跑给他看呢？这个人一定不是真的伯乐，于是千里马拒绝奔跑。伯乐失望地摇摇头，走了。

又过了一段时间，马场的马只剩下千里马这一匹了。老板见它可怜，本想骑着它回老家去，好好饲养它，可千里马就是不走。无奈之下，老板只好把千里马杀了，拿到街上去卖马肉。

千里马至死也不明白，世人为什么要这样对待它。

总有一些人感叹自己英雄无用武之地，就像这匹千里马一样。是的，他们是英雄，他们想让别人知道自己是英雄，却羞于出口，怠于行动。**他们习惯等待，习惯等待别人来发现自己。**只可惜这个世界上的千里马有很多，而伯乐不常有，即使伯乐站在你面前，你不在他面前跑一下，他怎能知道你是千里马？

在生活中，很多人不愿意表现自己，把谦虚视为一种美德，这并没错。但如果你有才能，你有创意，却不说，也不表现，大家怎么知道呢？没有人有时间去做伯乐到集市上耐心地挑选你，如果是好马，你就要叫两声，你就要跑起来。

在人才济济、竞争越来越激烈的情况下，机会不会无缘无故跑到你面前来。如果要让别人认识你，吸引别人对你的注意，你就要适当地表现自己。在工作当中，不要把自己的才华和能力隐藏起来，要告诉领导你能够做到，让自己的领导赏识自己，这样你才会有机会发挥自己的才能。

当年电影《飘》已开拍，主角郝思嘉的人选却迟迟没有确定下来。

毕业于英国皇家戏剧学院的女演员费雯·丽一心想争取出演主角郝思嘉。但在当时，她还是一名默默无闻的演员，也没有什么名气。怎样才能让导演知道“我就是郝思嘉”呢？费雯·丽决定毛遂自荐。

一天晚上，刚拍完《飘》的外景，制片人又愁眉不展起来。突然，有一男一女走上楼梯，只见那女士竟把自己扮装成了郝思嘉的样子。男主角一见，兴奋地大喊一声：“瞧，她就是郝思嘉！”

制片人回头一看，顿时被惊住了，“上帝呀，这不就是活脱脱的一个郝思嘉吗？！”

费雯·丽就这样被选中了。

所以说，我们一定要表现自己！平庸的人往往只会等待机遇前来敲门，而智慧的人则往往敢于坚定地叩响机遇之门。在现实生活中，许多人太想在谦虚谨慎的等待中被伯乐发现，而不愿毛遂自荐走出一片崭新的天地。

我们要学会表现自己，做到适时表现自己。所谓适时，一是要找到恰当的事情动脑筋；二是要在显山露水时，不要过于扎眼，遭受众人谴责而树立敌手。显能耐也不宜过频过多，天天都干出格的事，人们也不会觉得你有什么稀奇之处，只能被骂爱出风头而已。所以你总是要留一些绝招，留下显示的余地。如果你能经常露上那么一点点新鲜的才华，那么人们总会对你抱有希望，也敢给你委以重任。

适度地自我表现，醒目地亮出自己，让别人看到你的价值，这样你获得成功的概率将会变高。

尽力成为“意见领袖”

每个人在人际交往过程中，一定都遇到过所谓的意见领袖。意见领袖以及跟随者会形成小团体，领导舆论在人际网络上具有相当的影响力，可以说，成为意见领袖，你就获得了旺盛的人气，更容易受到人们的认同和支持。

“意见领袖”本是传播学中的一个词语，随着其在各个领域的使用，它的外延越来越宽泛了。在现代社会中，一个人熟悉某一领域并在周围的人中有一定的威望，就可以是“意见领袖”。意见领袖思想活跃，具有较强的判断能力和主观见解，被公认为是见多识广或称职能干的人，能对群体成员提供有益的信息和意见，拥有较高的威信。关系网络中的意见领袖一般具有较强的号召力，主导着圈内的言论，是众人喜欢追随和模仿的对象。

也许有人觉得，意见领袖拥有那么高的权威，一定都是大人物。不，意见领袖其实就在我们身边，只要你有足够的影响力，你就可以成为自己关系网络中的领袖。也许你会问，一个默默无闻的小人物也能对别人产生影响力吗？当然可以，美国诗人兼哲学家爱默生说："每个人都是一个英雄，是派遣给某个人的天使。不管他对这个人说什么，都是很有分量的。"

陈阿土是个农民，从来没有出过远门。攒了半辈子的钱，终于参加一个旅游团出了国。

国外的一切都是非常新鲜的，关键是，陈阿土参加的是豪华团，一个人住一个标准间。这让他新奇不已。

早晨，服务生来敲门送早餐时大声说道："Good morning, sir！"

陈阿土愣住了。这是什么意思呢？在自己的家乡，一般陌生的人见面都会问："您贵姓？"

于是陈阿土大声叫道："我叫陈阿土！"

如是这般，连着三天，都是那个服务生来敲门，每天都大声说："Good morning, sir！"而陈阿土也大声回道："我叫陈阿土！"

但他非常生气。这个服务生也太笨了，天天问自己叫什么，告诉他又记不住。终于他忍不住去问导游，"Good morning, sir！"是什么意思，导游告诉了他，天啊！真是丢脸死了。

后来，陈阿土反复练习"Good morning, sir！"这个词，以便能体面地应对服务生。

又一天的早晨，服务生照常来敲门，门一开陈阿土就大声叫道："Good morning, sir！"

与此同时，服务生叫的是："我叫陈阿土！"

所以，你不一定非得身居高位才可以成为有影响的人，事实上，如果你在生活中能以任何方式与他人交往，你就是一个有影响力的人。你在家中、工作场所、旅馆、球场做的每一件事都会对他人产生影响。

那么，我们该如何打造自己的影响力呢?

卓越领导者的身上总是具有一种让追随者难以抗拒的影响力，而影响力必须建立在领导者的优秀素质和品格的基础之上。西点军校领导力的经验说明，追求真理、评判是非、自我约束、坚强果断，是优秀领导者产生影响力的源泉。美国通用电气公司前 CEO 杰克・韦尔奇认为，有影响力的领导本身必须释放出巨大的能量和工作激情去感染追随者。

美国领导力专家约翰・麦克斯韦尔在《成为有影响力的人》一书中指出，有影响力的人通常具有以下突出的特征。

首先是待人诚实正直。麦克斯维尔认为，诚实正直的品格本质上讲是内在的东西，并不是由外界环境所决定的。环境对品格应负的责任就像镜子对长相应负的责任一样，呈现的是人的真实面目。诚实正直的品格也不是建立于资历基础上的，资历永远不会像品格那样给人留下深刻印象。再者，诚实正直的品格不能与名声混为一谈。名声是照片，而品格才是你真实的样子。诚实正直可以赢得下属的信任，而信任是获得影响力的关键。艾森豪威尔将军曾说，如果人们发现领袖缺乏坦率、诚实、正直的品格，这位领袖只能面对失败的结局。因此，一名领袖最需要的，就是诚实正直的品格与远大的目标。

其次是培育他人。麦克斯维尔认为，要对周围人施加影响，就必须用心培育他们。培育的核心是真诚地关心他人，培育的目的是帮助他人成长和独立。培育型影响力的基础是给予，给予的过程是爱的过程，是尊重他人的过程，是认可他人的过程，是激励他人的过程。当一个人感受到激励时，他就能够面对难以忍受的环境，克服巨大的困难。培育他人的领导者通常为别人着想，让别人从正面获得自我价值的提升，增加他们的归属感，对他们的前景充满希望。

再次是聆听他人。麦克斯维尔指出，不会聆听他人讲话的人不可能有影响他人的能力。心理学家布拉德斯博士说过，聆听，而不是单纯的重复，可能是最诚挚的奉承。爱的首要责任是聆听，聆听能够建立人与人之间的关系，让你在更广的层面上与人交往，并且培养更牢固、更深刻的友谊。每个人都希望身边有个人能够聆听自己。正如作家尼尔所说，“当你成为那位重要的聆听者时，你就帮助了他，而你也向成为他生命中有影响力的人踏出了重要的一步”。

最后是拓展他人。麦克斯维尔认为，一旦你成为周围人心中诚实正直的榜样，并能成功地激励他们，你将会成为他们生命中有影响力的人物。要做到这点，你必须能够对属下有积极的影响，支持他们的工作，加入他们的生活，直至成为他们的人生导师。导师的影响力是永恒的，因为他能鼓舞追随者不断成长，并提升他们的能力和素质。有影响力的人拓展他人是一项投资，因为你的拓展增强了被拓展者成功的概率，挖掘了他们成长的潜力，增强了整个团队的凝聚力。成功的拓展者会客观地评估下属的潜力，并且把他们放在能够成功的位子上，给予他们发展自己的机会。拓展者能够为下属展示远景，激发他们的工作热情，提升他们的品格素质，专注他们的优点和优势，让下属在实践中不断提升自己并最终成为自我拓展者。

努力成为你所在圈子的意见领袖吧，用你的魅力和才智赢取大家的信赖，用你的影响力为自己开拓更为广阔辉煌的人生。

认清并结识真正的朋友

我们每个人都拥有属于自己的“人脉圈”，它决定了我们的地位和事业。但之所以彼此之间地位悬殊，就是因为我们的“人脉质量”有小有大，有好有坏。并不是所有的朋友都会在我们成长的道路上帮我们一把。相反，那些“质量”不高的朋友，只会成为拖我们后腿的包袱。所以在扩展人脉的同时，需要认清并且结识那些真正的“高质量”朋友。

有一只羊独自在山坡上玩，突然从树木中窜出一只狼来，要吃羊，羊跳起来，拼命用角抵抗，并大声向朋友们求救。

牛在树丛中向这个地方望了一眼，发现是狼，跑走了；

马低头一看，发现是狼，一溜烟跑了；

驴停下脚步，发现是狼，悄悄溜下山坡；

猪经过这里，发现是狼，冲下山坡；

兔子一听，更是箭一般离去。

山下的狗听见羊的呼喊，急忙奔上坡来，从草丛中闪出，一下咬住了狼的脖子，狼疼得直叫唤，趁狗换气时，仓皇逃走了。

回到家，朋友都来了。

牛说：你怎么不告诉我？我的角可以剜出狼的肠子。

马说：你怎么不告诉我？我的蹄子能踢碎狼的脑袋。

驴说：你怎么不告诉我？我一声吼叫，吓破狼的胆。

猪说：你怎么不告诉我？我用嘴一拱，就让它摔下山去。

兔子说：你怎么不告诉我？我跑得快，可以传信呀。

在这闹嚷嚷的一群朋友中，唯独没有狗。

一个人的身边，可以没有家人，没有亲戚，但是不能没有朋友。**真正的朋友，危难时可以为你两肋插刀，仗义相待，肝胆相照，失意时会对你倾力相助。**真正的朋友，不是花言巧语，而是关键时候拉你的那只手。那些整日围在你身边，让你有些许小欢喜的朋友，不一定是真正的朋友。而那些看似远离，实际上时刻关注着你的人，在你快乐的时候，不去奉承你，在你需要的时候，默默为你做事的人，才是真正的朋友。

两年前，因为操作失误，他苦心经营了 3 年多的小公司破产了，一夜之间，他不仅成了一个一文不名的穷光蛋，而且还欠了一屁股债，被人追得到处跑。家是不能回的，思来想去，唯有去省城的一个朋友那儿躲一躲。

他和他的朋友是发小，从小一起长大，关系当然是没得说。小时候，有一次去海边玩，朋友不小心掉进水里，是他喊人把他救上来的，这种交情应该算深厚了吧。可是下了火车，他又有些犹豫了，多年没见，朋友还是原来的朋友吗？记得朋友结婚的时候，他去参加婚礼，朋友娶了一个娇滴滴的女人，她会不会嫌弃自己呢？

一念至此，他把口袋里仅有的钱翻出来数了一数，在火车站找了一间最便宜的小旅馆住下。心想，住几天算几天吧。

就在他心灰意冷的时候，想不到朋友找来了。朋友一身的尘土和倦怠，生气地数落他："你真不够哥们，来省城也不找我，我到处找你，要不是你妈偷偷打电话给我，我还不知道呢！"他低着头瞅着脚尖，小声地嘟囔着："还不是怕给你添麻烦，你看我现在，又脏、又穷、又臭，恐怕连狗都不如了。"

朋友在他的胸口擂了一拳，"你还是那个倔脾气，朋友就是用来麻烦的，你不麻烦我，我才生气呢！"

那一刻，他千言万语噎在喉咙里，一句话都说不出来。只当全世界都抛弃了自己，却原来，还有一个人深深地记挂着自己，并没有因为落魄而嫌弃自己，有这样的朋友，还能说什么呢？他只得乖乖地收拾行李跟着朋友去他家。

朋友妻给他收拾了一间明亮宽敞的屋子，为他准备了可口的饭菜，还叮嘱他千万不要客气，尽管把这当成自己的家。他洗了澡，换了衣服，美美地睡了一觉。

之后，他调整好心态，到银行贷了款，抓住机遇，终于东山再起，不但还清了债务和贷款，还有了安定的生活。正是朋友的帮助，才使他得以峰回路转。每当想起这段经历，他心中便会温暖如春。

朋友之间最难得的是风雨同舟，患难见真情。唯有能够与自己患难与共的朋友，才是真正的朋友。每个人的人脉网中都需要有几个真心朋友。不管你穷困潦倒也好，还是飞黄腾达也好，只要这几个真心朋友存在，就能织起整张网。

法国作家罗曼·罗兰也为人们之间真诚的友谊写下过许多赞美的句子：“得一知己，把你整个的生命交托给他，他也把整个的生命交托给你。”这就是真正的朋友。一个人的精力和财力等都是有限的，你对事情不可能考虑得面面俱到，也不可能具备所有的力量去解决问题，这时候朋友的帮助就显得尤为重要了。所谓“一个篱笆三个桩，一个好汉三个帮”，离开了朋友的帮助，你将局限你的眼光，你将步步维艰。

朋友是你的人脉圈子中，最为重要的一部分，也许他给不了你物质的帮助，但他一定会给你精神的鼓励。**人的一生中，如果能够交上几个“质量”高的朋友，不仅可以得到情感的慰藉，而且朋友之间可以互相砥砺，相互激发，成为事业成功的基石。**所以，交朋友不可不选择，很多时候，结交朋友就是改变自己命运的关键。

好人脉是维系出来的

比尔·盖茨曾说过：一个人永远不要靠自己一个人花 100% 的力量，而要靠 100 个人花每个人 1% 的力量。你的人脉如何，你的事业就如何。你的人脉在哪个圈子，你的事业就在哪个圈子。专业知识在一个人成功中的作用只占 15%，而其余的 85% 则取决于人际关系。所以，**人脉是成功道路上必不可少的东西。**

认识人是一件很简单的事情，但是当你建立了自己关系网后，如何把这些关系运作好就是关键了。但绝对不能有这样的错误认识：能直接给你带来利益的人就紧密联系，不能看到效果的就不联系。这是个错误的想法，因为你不能明确判断哪个人会对你有帮助。有些虽然现在没有直接作用，但不排除以后会有。所以，关系的维护要持之以恒，要根据实际情况采用不同的方法，并时刻保持你的关系网。

杰伊是做文秘工作的，到现在已换过五个工作了。他有一个缺点，就是一换工作就不再与原来的同事联系了。今年2月份，他现在的老板知道他曾在一家投资公司工作，就希望他能找以前的老板。因为他们公司正和他原来工作的投资公司在谈一笔投资，而且他现在的老板很看重这件事。

为了不扫老板的兴，也为了能保住自己的饭碗，杰伊就答应了下来。后来，他试着去联系，可由于已有两年没联系，以前很多同事都辞职了，听说公司的地址也有所变换。最后他不得不告诉了老板实话，结果老板说："你这么不会来事，还怎么做文秘？"

通过这件事，我们应该明白现在社会维系人际关系的重要性。你想，如果杰伊能帮老板用合理的方式争取到这笔投资，他的事业就会更顺利。可因为他自己不喜欢与原来的同事保持联系，路就越走越窄。

"人走茶凉""时间能磨平一切记忆"，看来这些话真的是非常有道理的。要想保持人与人的关系，必要的接触、互访是非常必要的。

其实，人际关系就是一种生产力，如果你身边有一群愿意帮你的朋友，那就是你的财富。你的事业就可能出现新的转机，尤其是在最关键的时刻，或许因为朋友的一句话，你就会有个更好的工作。要知道，再铁的关系不磨也会生锈的。虽然世界变得太快，今天已经变成历史。但你如果能坚持下去，朋友必会越来越多。

而像杰伊这样经常跳槽的人，积攒的同事越多，人际关系的资源也就越丰富。如果能把这些关系稳固下来，必能给自己的工作带来意想不到的好处。

那么，怎样保持稳固的人际关系呢？

首先，保持联系是建立成功关系网络的一个重要条件。“关系”就像一把刀，常磨才不会生锈。若是半年以上不联系，你就可能失去这位朋友了。所以，不要与朋友失去联络，不要等到有麻烦时才想到别人，“用时是朋友”的实用主义做法会伤害人际关系的健康。对于杰伊这样的人来说，应该从现在起就主动和一些同事开始建立联系，可以从以前业务关系最直接的同事开始，甚至从老板开始。联系的形式不见得要隆重，但你一定不能放松，多抓住机会深入一下。多和对方联系，增进了解，就能使你们的关系长期保持下来，稳固下来。

其次，必要的“感情投资”也会使你的关系网更加牢固。记下与关系网中的人有关的一些至关重要的日子，比如生日或结婚纪念日，在这些特别的日子里，哪怕只给他们打个电话，他们也会高兴万分。当他们升迁的时候，向他们表示祝贺；当他们处于低谷时，向他们表示慰问，并主动提供帮助。当你的出差地点与哪一个关系成员接近时，应尽可能去拜访他们……

此外，你还应不断提升自我，增加个人魅力。素质高而有魅力的人相对来说更容易得到别人的接纳，这是人之常情。所以在交往中，一定要注意礼仪。谦谦君子比一般人更容易获得对方的好感，窈窕淑女同样能给人留下良好的印象。除此之外，更要注重提高自己的专业素养，因为人都喜欢与优秀的人交往，潜意识里都渴望与比自己优秀的人建立关系。

正所谓朋友多了路好走。在通向成功的路上，很多因素都可能影响事情的成败和成功的速度。但成功的每一个步骤，都离不开人的参与，你永远不知道你的人际关系会在什么时候给你带来好处或利益。所以，打理好你的人际关系、规划好你的生活，也是为成功储备资本。在你人生最关键的时刻，这些用心经营多年的人脉肯定会给你带来意外的惊喜。

第四章

这十年，你要掌握说话的技巧

不要畏惧与人沟通

人是社会性的动物，每个人都不可能孤立地生活在这个世界上。在人与人打交道过程中，每个人互相沟通，互相理解，这是非常重要的。沟通不仅能化敌为友，扫除事业发展的障碍，更能够吸收别人的经验，与时俱进，使自己引领时代的潮流，取得不断地进步。**如果不善于沟通，而是鲁莽的自行其是，在生活中必将处处碰壁；只有学会沟通，与周围的人妥善的沟通协调，才能把生活工作安排得井然有序。**其实，沟通并非一件难事，克服沟通中的障碍，你才能从沟通中真正受益。

所谓沟通，是指人与人之间、人与群体之间思想与感情的传递和反馈的过程，以求思想达成一致和感情的通畅。事业的发展中，需要沟通为自己扫除道路中存在的障碍。沟通的障碍，既包括心理上的障碍，也包括方式上的障碍。唯有克服了这两种障碍，你才能在沟通中顺风顺水。首先，就让我们一起来看看沟通的心理障碍。

日本麦当劳社的名誉社长藤田田，他当初加盟麦当劳的事例，很让人震撼。藤田田于 1971 年开始创立自己的事业，经营麦当劳生意。麦当劳是闻名全球的连锁速食公司，要取得特许经营资格是需要具备相当财力和特殊资格的。但当时他只是刚出校门没几年、毫无家族资本支持的打工族，根本就无法具备麦当劳总部所要求的 75 万美元现款和一家中等规模以上银行信用支持的苛刻条件。

于是，藤田田开始克服沟通障碍，绞尽脑汁东挪西借起来。但是，5 个月下来，只借到 4 万美元。面对巨大的资金落差，藤田田决定寻找银行支持。藤田田以极其诚恳的态度，向住友银行的总裁表明了他的创业计划和求助心愿。在耐心细致地听完他的表述之后，银行总裁做出了“你先回去吧，让我再考虑考虑”的决定。藤田田听后，心里即刻掠过一丝失望，但马上镇定下来，恳切地对总裁说了一句：“先生可否让我告诉你我那 5 万美元存款的来历呢？”回答是“可以”。

“那是我 6 年来按月存款的收获，”藤田田说道，“6 年里，我每月坚持存下 1/3 的工资奖金，雷打不动，从未间断。6 年里，无数次面对过度紧张或手痒难耐的尴尬局面，我都咬紧牙关，克制欲望，硬挺了过来。有时候，碰到意外事故需要额外用钱，我也照存不误，甚至不惜厚着脸皮四处告贷，以增加存款。这是没有办法的事，我必须这样做，因为在跨出大学门槛的那一天我就立下宏愿，要以 10 年为期，存够 10 万美元，然后自创事业，出人头地。现在机会来了，我一定要提早开创事业……”藤田田一气儿讲了 10 分钟，总裁越听神情越严肃，并向藤田田问明了他存钱的那家银行的地址，然后对藤田田说：“好吧，年轻人，我下午就会给你答复。”

后来，住友银行的总裁果真亲自确认了藤田田的存款情况，并答应毫无条件地支持他创建麦当劳事业。藤田田正是靠着银行的前期支持，才开始了自己的麦当劳事业，最终发展到今天的规模。而这一切的发生，正是藤田田跨过了沟通中的心理障碍，迈开沟通第一步的必然。

战胜沟通的心理障碍，你必须主动地去跟别人沟通，每个人都应该学会把自己的想法大胆、坦率地同他人交流，以获得反馈和解决。国际金融界的知名人士卡特就曾经给我们提出过建议：一定要积极地与他人沟通。怎样才能理顺沟通的细节，唯有主动出击。其实，事业中还会遇到很多阻碍，要想跨越这些阻碍，寻求别人的帮助时，也需要自己主动出击，否则无法达到沟通的效果。所以，从此刻起，克服沟通的心理障碍，主动出击与他人沟通！

顺利克服了沟通的心理障碍，让我们再来看看沟通的方法障碍。许多人觉得沟通是一件痛苦的事情，和很多人说话都是有理说不清，说到底都是方法上的问题。沟通能力并不是与生俱来的，方法更是需要经过后天的锻炼掌握。沟通能力，这其实就是了解别人的能力，包括了解别人的需要、渴望、能力与动机，并给予适当反应。在沟通方法上，你一定要谨记：

倾听是沟通方法的第一要义。学会倾听，能把握对方的意思，赢得对方的尊重，在沟通中是最为重要的。沟通，切忌只顾自己夸夸其谈，倾听更为重要。胡雪岩，可以说是驰骋官场商场，畅通无阻，其丰富的人脉关系让他左右逢源，其中最为关键的在于他善于倾听。

《红顶商人》的主人公胡雪岩，清末在杭州开银号当铺、办船厂、倒生丝、筹军饷、做房地产、开药店，富甲一方，阶至二品顶戴，服至黄马褂。作者高阳在描述胡雪岩时，就曾经这样写："其实胡雪岩的手腕也很简单，胡雪岩会说话，更会听话，不管那人是如何言语无味，他能一本正经，两眼注视，仿佛听得极感兴趣似的。同时，他也真的是在听，紧要关头补充一两语，引申一两义，使得滔滔不绝者，有莫逆于心之快，自然觉得投机而成至交。"

我们的人生中，沟通无处不在。我们与每一个人的对话，与父母、朋友、同事、领导的交谈，就是在沟通；为了买想要的东西，要与商家沟通；为了出去和朋友游玩，要与朋友沟通；为了完成一个项目，要与同事沟通；为了自己的工作需求，要与领导沟通等。善于沟通，你才能面对激烈的竞争，才能化敌为友，取得事业的突破。要想扫除自己事业发展道路上的障碍，必须学会与友人沟通，更要学会与对手沟通。**克服沟通中的障碍，你才能驰骋职场，**树立良好的职场形象，才能充实你的人脉存折。

用“我们”代替“我”

小孩在做游戏时，常会说“这是我的”“我要”，这是自我意识强烈的表现。在小孩子的世界里，这或许无关紧要，但有些成年人也是如此。他们说话时，仍然强调“我”“我的”，这给人自我意识太强的坏印象，人际关系也会因此受到影响。

《福布斯》杂志上曾登过一篇题为“良好人际关系的一剂药方”的文章，其中有几点值得借鉴：语言中最重要的5个字是“我以你为荣”，语言中最重要的4个字是“您怎么看”，语言中最重要的3个字是“麻烦您”，语言中最重要的2个字是“谢谢”，语言中最重要的1个字是“你”，那么，语言中最次要的一个字是什么呢？是“我”。

亨利·福特二世描述令人厌烦的行为时说：“一个满嘴‘我’的人，一个独占‘我’字，随时随地说‘我’的人，是一个不受欢迎的人。”

农夫甲和农夫乙忙完了田里的工作，一起回家。他们走在路上，农夫甲忽然发现地上有一把斧头，就跑过去捡起那把斧头。他说："我们发现的这把斧头还挺新啊！"就想带回家占为己有。农夫乙看到这把斧头是农夫甲发现的，应该归他所有，就对农夫甲说："你刚才说错了，你不应该说'我们发现'。因为这是你先看见，所以你应该改口说'我发现了一把斧头'才对。"他们两个继续往前走，农夫甲的手上仍然拿着那把斧头。过了一会儿，遗失这把斧头的人走了过来，远远地看见农夫甲的手上拿着他的斧头，就匆匆忙忙地追上来，眼看对方就要追上来了。这时候农夫甲很紧张地看了农夫乙一眼，然后说："怎么办？这下子我们就要被他捉到了。"农夫乙听他这么一说，知道甲想把责任归咎到两个人的身上。于是农夫乙就很严肃地对农夫甲说："你说错了，刚才你说斧头是你发现的，现在人家追来了，你就应该说'我快被他捉到了'，而不是说'我们快被他捉到了'。"

在人际交往中，"我"字讲得太多并过分强调，会给人突出自我、标榜自我的印象，这会在对方与你之间筑起一道防线，形成障碍，影响别人对你的认同。因此，会说话的人，在语言传播中，总会避开"我"字，而用"我们"开头。

俄国十月革命刚刚胜利的时候，许多农民怀着对沙皇的刻骨仇恨，坚决要求烧掉沙皇住过的宫殿。别人做了许多工作，农民都置之不理，非烧不可。最后，列宁亲自出面做说服工作。列宁对农民说："烧房子可以。在烧房子之前，我们大家一起来思考几个问题可不可以？""当然可以。"列宁问道："沙皇住的房子是谁造的？"农民说："是我们造的。"列宁又问："我们自己造的房子，不让沙皇住，让我们自己的代表住好不好？”农民齐声回答：“好！”列宁再问：“那么这房子我们还要不要烧呢？”农民觉得列宁讲得好，同意不烧房子了。有人曾经做过调查，看看人们每天最常用的是哪一个字，那就是“我”字。为什么人们对“我”字特别关心呢？就是因为大多数人都喜欢被人称赞，也喜爱称赞自己。因此，你若想得到你所希望得到的，就要避免与对方争高低，而要维护他人的自尊心。为了使对方的面子不受伤害，我们千万不要常把“我”字挂在嘴上，别说“我公司”，而说“我们的公司”。

我们说话应该像驾驶汽车，应随时注意交通标志，也就是要随时注意听者的态度与反应。如果红灯已经亮了仍然向前开，闯祸就是必然了。无聊的人是把拳头往自己嘴里塞的人，也是“我”字的专卖者。

一般来说，人们最感兴趣的就是谈论自己的事情，而对于那些与自己毫无相关的事情，大多数人觉得索然无味，对于你表现出最大兴趣的事情，常常不仅很难引起别人的同情，而且别人还觉得好笑。年轻的母亲会热情地对人说：“我们的宝宝会叫‘妈妈’了。”她这时的心情是高兴的，可是旁人听了会和她一样地高兴吗？不一定。谁家的孩子不会叫妈妈呢？你可不要为此而大惊小怪！这是正常的事情，不会叫妈妈的孩子才是怪事呢。所以，你看来是充满了喜悦，别人不一定有同感，这是人之常情。

竭力忘记你自己，不要总是谈你个人的事情，你的孩子，你的生活。人人喜欢的是自己最熟知的事情，那么在交际上你就可以明白别人的弱点，而尽量去引导别人说他自己的事情，这是使对方高兴最好的方法。你以充满同情和热诚的心去听他叙述，你一定会给对方以最佳的印象，并且对方会热情欢迎你，热情接待你。

所以，说话时，把“我的”变为“我们的”，可以巧妙拉近双方距离，使对方更容易接受你和你的话。

如果你在说话中，不管听者的情绪或反应如何，只是一个劲地提到我如何如何，那么必然会引起对方的反感。如果改变一下，把“我的”改为“我们的”，这对你并不会有任何损失，只会获得对方的好感，使你同别人的友谊进一步地加深。

我们经常看到记者这样采访：“请问我们这项工作……”或者“请问我们厂……”经常发现演讲者使用“我们是否应该这样”“让我们……”等表达方式。这样说话能使你觉得和对方的距离接近，听来和缓亲切。因为“我们”这个词，也就是要表现“你也参与其中”的意思，所以会令对方心中产生一种参与意识。比如说“你们必须深入了解这个问题”，便拉开了听众与演讲者的距离，使听众无法与你产生共鸣。如果改为“我们最好再做更深一层的讨论”，就会缩短与听众之间的距离，使气氛立刻活跃起来。

幽默使交流更加容易

美国心理学家加德纳提出人类有七种智慧，其中首要的智慧便是语言智慧。良好的语言交流技巧，越来越被认为是现代人所应具有的必备能力。**一个不懂幽默、索然无味的人不可能是一个具有良好语言能力的人，也不可能拥有好人脉。**恰当、合乎时宜的幽默和赞美，将为你的语言增色不少，它将使你的交流更加容易。

一位心理学家曾经说过：“幽默是一种最有趣、最有感染力、最具有普遍意义的传递艺术。”其实，幽默更是一门社会交往的艺术，是人与人交往的润滑剂。幽默会使我们的人际关系更加和谐，获得周围人的钦佩和赞赏。在社交中，也许你有这样那样的制约因素，而幽默恰好可以对这些因素进行弥补，并为你的社交人生增色不少。

美国历史上最伟大的总统之一林肯便是其中一例。他的出身贫寒，长相一般，这些都可能成为他社交中的制约因素，但他却受到了社交伙伴乃至全国民众的喜爱，在他因为南北战争的问题而遇刺后，居然南北双方的民众都在悼念他。林肯在社交中的巨大成功，与他的乐观和努力分不开，但其中最重要的，便是他幽默的语言风格。

我们都知道，林肯的长相一般，这一点常常是他的政敌攻击他的原因。对于这一点，林肯并不忌讳，甚至常常用自己的长相幽默一番，也化解了社交危机。在竞选总统时，林肯和竞选对手斯蒂芬·道格拉斯辩论，道格拉斯讥讽他是两面派，做人两面三刀，喜欢搞阴谋诡计。林肯听了，幽默地指着自己的脸说：“让公众来评判吧，如果我还有另一张脸的话，我会用现在这一张吗？”还有一次，一个反对林肯的议员，走到林肯跟前挖苦地问他：“听说您是一位成功的自我设计者？”“不错，先生。”林肯点点头说，“不过我不明白，一个成功的自我设计者，怎么会把自己设计成这副模样？”就这样，幽默的林肯常常以自嘲的方式，拿自己的长相说事，化解了许多尴尬，也避免了很多正面的冲突。

当然，林肯也善于用幽默来帮周围人化解感慨，救他们于“水火之中”。有位从俄亥俄州来的人求见林肯总统时，外面正有一队士兵停在门外，预备等林肯训话。林肯请这位朋友随其外出并继续与他密谈。当他们行至回廊时，军队齐声欢呼起来，但那位朋友并没有意识到要退开。这时一位副官走到那人前面，嘱咐他退后几步，那位朋友此时才知道自己失礼了，立即羞愧得涨红了脸。此时，林肯立刻微笑着说：“白兰德先生，你要知道也许他们还分辨不清谁是总统呢！”一瞬间，那朋友的窘状就被林肯的幽默化解开了。

现代幽默理论认为，幽默能在参与者之间产生一种强烈的伙伴感。你自己也一定深有感触，幽默能使交流更加容易。林肯的乐观、幽默一向为世人啧啧称道，这为他平添了许多人格魅力和社交吸引力，也让他有效避免了许多尴尬和冲突。

幽默的言辞和社交方式之所以能够一下子拉近两个人之间的感情距离，因为一起笑的人表明他们之间已经有了共同的兴趣、爱好，这是社交成功的第一步，也是很关键的一步。所以，幽默地运用机智、风趣、凝练的语言进行艺术表达，往往会令你的人际增色不少。

说起幽默，美国的另外一个总统里根也是值得我们学习的“好榜样”，他在一次出访加拿大的过程中，便将这种“幽默化解尴尬”的社交方法发挥得淋漓尽致。在这次出访加拿大的演讲中，有一群明显地带有反美情绪的人不时地打断他的演说。里根是作为客人到加拿大来访问的，作为加拿大总理的皮埃尔·特鲁多对听众这种无理的举动感到非常尴尬。面对这种困境，里根反而面带笑容地对他说道：“这种情况在美国经常发生，我想这些人一定是特意从美国来到贵国的，可能他们想使我有一种宾至如归的感觉。”听到这话，尴尬的特鲁多心情一下子轻松多了。就这样，里根三言两语便用幽默化解了皮埃尔的尴尬，这一次经历也使皮埃尔的印象十分深刻，在许多年回忆起里根之时对其幽默的风格还频频称赞。

当然，除了化解他人的尴尬，里根也善于运用此法为自己化解“为难”。这一次，里根在白宫钢琴演奏会上发表讲话。夫人南希不小心连人带椅跌落在台下的地毯上。正讲话的里根看到夫人并没有受伤，便插入一句说道：“亲爱的，我告诉过你，只有在我没有获得掌声的时候，你才应这样表演。”台下响起了一阵热烈的掌声。其实，这本来是一件令里根很尴尬的事情，在这时如果埋怨或者置之不理都会令人不快，不光是台下的人不快，也包括台上的人。而里根在社交的危难之时，运用幽默化险为夷，出奇制胜地获得了极佳的效果，显露出他的机智、豁达，拉近了和观众的距离，这是运用幽默进行社交的范例。

总而言之，幽默在人际交往中的作用是不可低估的。幽默除了能够在人际中起到调和作用，还可以化解尴尬紧张的气氛，往往还能令人们捧腹大笑。如果善于运用幽默的语言，你便能成功地化解矛盾、促成合作，获得周围人的欢迎，达到社交活动的目的。

此外，你也许还不知道，幽默还可以让你成功转移别人的视线，掩饰那些“无关痛痒”小缺点。别人刻意点出你的小缺陷，这也许真的不是什么大问题，幽默的语言便可以帮助你化解心理的危机，赢得他人的欣赏。这种幽默巧妙的转移，既可以让自己免于尴尬的局面，也不至于直接和对方冲突，何乐而不为？

著名科学家爱因斯坦对自己的着装从不注意。当他第一次来到纽约时，在大街上遇到了当年的一位老朋友。这位朋友见爱因斯坦衣服破旧，便刻意说道：“你看你的大衣，又破又旧，换件新的吧，怎么说你也是知名人物啊！”爱因斯坦笑了笑：“没关系没关系。我刚来到纽约，这儿没有人认识我。”便一笑置之。

无独有偶，几年后，凭借着相对论而名声大振的爱因斯坦又在路上巧遇了这位朋友。更巧的是，爱因斯坦还是穿着那件“又脏又破”的大衣，朋友又开始上下打量他。这一次，爱因斯坦不等朋友开口，便自嘲道：“这次更不用买新大衣了，全纽约的人都已经认识我了。”妙语连珠，爱因斯坦巧妙地回避了问题，也免于朋友面子上过不去。

如此幽默、诙谐的回应，不仅巧妙化解了社交危机，也会使你显得更加自信和大度，一举两得。当然，幽默的话和其他的话一样，说得好了让人听起来特别受用；说得不好，就容易使你与听者的关系紧张起来。所以，你必须学会拿捏好幽默的尺度。

想要掌握好幽默的尺度，也许以下的建议对你有用。

第一，博览群书，拓宽自己的知识面。知识多了，一些幽默的典故和事例也就信手拈来。

第二，培养高尚的情趣和乐观的信念。幽默永远属于那些心胸开阔，对生活充满热情的人。

第三，多参加社会交往。接触面广、社会交往能力强，也能够使我们的幽默更自如地表达。

这便是著名励志大师卡耐基给我们的幽默忠告，只要铭记于心并加以实践,你也可以成为“一句话把人说笑”的幽默大师。

委婉表达你的意见

在日常交谈中，许多人推崇说话直言不讳，但是，**生活中，有时需要含蓄、委婉一些，才能使表达效果更佳。**就好比直道跑好马，曲径能通幽，其实各有好处。委婉实际上可以说是一种修辞手法，即在讲话时不直陈本意，而是用委婉之词加以烘托或暗示，让人思而得其意。

委婉表达自己对一个事物或一件事情的看法并不是虚伪的表示，而代表着自己对对方的尊重。我们头脑中的想法很多，有积极的，也有消极的，但当我们说出来的时候，尽量要给对方留足面子。

美国总统柯立芝有一次批评他的女秘书：“你这件衣服很漂亮，你真是一个迷人的小姐。只是我希望你打印文件时注意一下标点符号，让你打的文件像你一样可爱。”女秘书对这次的批评印象非常深刻，从此打印文件极少出错。

用含蓄的方式来告诉对方的不足，委婉地表达自己的意见和建议。先表扬后批评就是一个很好的迂回之策。领导对待手下员工，要注意方式方法，说服或批评他们的同时还要维护他们的面子。

日常生活中，有人喜欢“打抱不平”，这样并没有错，但一定要注意说话方式。同样是表达一个要求，下边这位售票员，就是一个聪明的女人。既达到了自己的目的，也让让座的乘客感到愉快。

一辆电车上人很多，而这时又上来一位抱小孩的妇女。于是售票员对乘客说：“哪位同志给这位抱小孩的女同志让个座？”但没想到她连喊两次，无人响应。售票员站起来，用期待的目光看了看靠在窗口处的几位青年乘客，提高嗓音：“抱小孩的女同志，请您往里走，靠窗口坐的几位小伙子都想给您让座儿，可就是没看见您。”

话音刚落，“呼啦”一声，几位小伙子都不约而同地站了起来让座。这位女同志坐下之后，只顾喘气定神，忘记对让座的小伙子道谢，小青年面有冷色。售票员看在眼里，心里明白，她忙中偷闲，逗着小孩说：“小朋友，叔叔给你让个座儿，你还不谢谢叔叔。”一语提醒了那位妇女，连忙拉着孩子说：“快，谢谢叔叔”。那位小青年听到小孩道谢时，脸色由冷变热，连声说：“不客气”。

试想，售票员请人让座时说“那么大小伙子一点也不自觉”；在劝女同志道谢时说“别人给你让座，你也不知道说个谢”，后果会如何呢？

在生活中，要想把话说到别人心坎里去，首先要爱护人的自尊心，这就需要理解人们的合理需要。

日本的大银行不允许职员留长发，因为留长发会给顾客留下颓废和散漫的印象，有损银行的声誉。有一次，一家银行的经理和人事部主任发现一批经过笔试合格的考生中有不少留长发的男子。为了能使这些留长发的考生都留短发，人事部主任在致词时，没有正面提出要求，而是充分运用了他杰出的口才，只说了几句话，便使留长发的考生愉快地接受了他的意见。

他是怎么说的呢？人事部主任留着陆军式的发型，他说："诸位，敝行对于头发的长度问题，历来持豁达的态度，诸位的头发长度只要在我和经理先生的头发长度之间就行了。"众人立即把目光投向经理，只见经理面带笑容地站起来，徐徐脱帽——露出一个秃头！大家顿时"轰"的一声笑了。第二天，大家再来的时候，全是很显精干的短发，没有一个留长发的。

虽然，作为人事部的主任，直截了当地说出要求无可厚非。但那样的方式势必对应聘者造成一种心理暗示——这家银行过于专制。而改用这种委婉的方式来表达，更有效力。不仅增加了幽默感，而且可以使应聘者坦然接受。在人际交往中，采用不同的方式来表达同一个要求，收到的客观效果是截然不同的，这是心理学的一个重要理论。

与人相处，若能凡事多为他人着想，多给别人留一些余地、一些包容、一些方便，少一份拒绝、少一点难堪，必能赢得别人的友爱。如果你能够运用委婉的方式表达自己的意见或者要求，你的交际生活必定更加轻松愉快，喜欢你的人越多，人脉自然就积累起来了。

我们都知道，木板上钉直钉，用力大，要么钉弯，要么板裂；同样的用螺钉拧，用力小，螺钉与木板严丝合缝。因此，使用委婉语固然很好，但是同时必须注意避免晦涩艰深。社交谈话的目的是要让人听懂，如一味追求奇巧，会使他人摸不着头脑，甚至造成误会，必然影响表达效果。

提高你的说服能力

在人际关系中，说服力非常重要，它能创造出巨大的价值。在我们的社交圈子中，每个人都喜欢会说话的人。这些人总是能流利地把自己的思想、意见表达出来，使别人乐意接受。他们往往受到大家的欢迎，能与周围的人建立起良好的友谊，而且可以很好地说服别人。

美国著名女权运动先驱弗里德里克·道格拉斯曾说过："如果我能说服别人，我就能转动宇宙。"说服专家戴夫·拉客哈尼也曾说过："说服是一门得到你想要的神奇艺术。"说服力的魅力绝对不可低估。在我们的职业和人生的发展中，谈判无时无刻不在发生。怎样才能取得一次次谈判的胜利？怎样才能把握住一次次谈判的先机？你所需要依靠的，便是说服力。

那么，说服力的内涵到底何在？我们又该如何才能把握住说服力的真谛？富兰克林曾经指出："如果你想说服某人，不要诉诸于道德，而要诉诸于利益。"确实如此，利益是说服的重要切入点。“动之以情，晓之以理”的办法，在职场和商业的说服中，其实奏效不大。每个人都有趋利的特性，所以，如果你想要达到说服的目的，不妨试试利益这个切入点。

美国管理大师德鲁克，曾经在 20 世纪 60 年代用这个方法，帮助过一群年轻军官找到了工作。当时，美军开始大规模裁军，一大批年富力强的将军被迫离开军队另谋职业。他们中的一些人来到纽约大学管理学院管理大师德鲁克教授的办公室，希望能得到他的帮助。对此，德鲁克十分乐意，但要一下子为这么多军官找到工作，还真不是一件简单的事情。

于是，这位管理大师想到了说服力中的“利益”问题，他详细地了解了每一位军官的特长和能力。第一天，德鲁克开始给一家知名公司的高级主管打电话，为其中一位军官找工作：“您好，我是德鲁克，我很冒昧地打电话给您是想帮您一点忙。”20 世纪 60 年代的美国，正是电脑开始在企业界应用的时候，几乎每家大公司都经常会在这方面遇到各种难题，非常清楚这一点的德鲁克对那位高级主管继续说道：“我为您找到一个合适的人来解决您的电脑系统的问题，如果您动作快，应该能请到这个人。他曾在某军事基地担任司令官，该基地的电脑系统就是他建设的……是的，我想一个小时后他就能到达您的办公室……能帮您这个忙我真的很高兴。”就这样，德鲁克轻松地为这位擅长电脑系统处理的军官找到了工作，并采用这一方法，为其他军官解决了类似的就业难题。

说服他人，你需要明白对方的利益诉求，并对症下药。不要总觉得自己“人微言轻”，对方“字字珠玑”；也不要总是顾影自怜、自怨自艾，觉得无计可施。说服力中重要的一招是“利诱”，通过自己的过人之处，让对方觉得你身上“有利可图”，让对方能够看到美好的明天和希望，从而答应你的要求。有时候，你也可以使出“利诱”绝招，说服力也会随着大增，对方便会乖乖就范。

希尔顿，美国旅馆业巨头，人称“酒店大王”。“你今天对客人微笑了没有”，便是希尔顿经营旅馆业的座右铭。可是，这位 1887 年生于美国新墨西哥州，后来曾控制美国经济的十大财阀之一，也曾作为“弱者”请求过他人的援助。那么，这位“弱者”又是如何说服他人的呢？希尔顿在事业刚刚起步时，资金缺乏，举步维艰。在修建达拉斯的希尔顿饭店时，他十分困难，饭店建筑费需要 100 万美元！这可着实给希尔顿提了一个大难题。这时。希尔顿灵机一动，他找到卖地皮给他的房地产商人杜德，威胁利诱，说服了杜德按他的要求将饭店盖好。然后由希尔顿出钱买下，而且还是分期付款。那么，希尔顿是如何做到的？

其实，杜德之所以答应希尔顿的条件，便是希尔顿“利益诱惑”的结果。话说当时希尔顿找到了卖给他地皮的杜德，告知没钱盖房之事。杜德便无所谓地告诉他，既然这样，那就停工吧，等啥时有钱了再盖。于是，希尔顿同样漫不经心地回答：“这我知道。但你也看到了，自从我买了你的地，这周围的地价已涨了不少。如果我这房子老盖不下去，恐怕你这地皮的价格也会受影响；如果我再宣传一下，说饭店停工是因为位置不好而另选新址，恐怕你的地皮就更卖不起价钱了。”后来，杜德考虑再三，无可奈何，也就只好咬咬牙接受了希尔顿的条件。

很多时候，有利可图正是你能够成功说服他人的关键所在。

当然，许多时候，这些利益都是相对而言，只要你善于发掘、巧言善辩，你也能够像希尔顿一样将“被动”转化为“主动”，成功说服他人。

在说服他人的过程中，除了利益这个根本点之外，你还要善于通过言辞上的“换位”，清楚了对方在意的是什么，害怕的又是什么，并适当调整了自己的语言，这样才能“把话送到对方心里”。在说话的过程中，你需要从对方的立场出发来构建自己的想法，并表达出换位思考。

“成人教育之父”卡耐基，便可以在这方面为我们树立一个榜样。有一段时间，卡耐基因为课程的原因，每个季度都要到一家大旅馆租用演讲场地。有一个季度，他刚开始授课时，忽然接到通知，房主要他付比原来多三倍的租金。而这个消息到来以前，入场券已经印好，而且早已发出去了，其他准备开课的事宜都已办妥。那么，卡耐基是如何成功说服房主保持原价不变呢？

几天后，卡耐基找到了场地的经理。他首先告诉经理：“我接到你们的通知时，有点震惊。不过这不怪你，假如我处在你的位置，或许也会写出同样的通知。你是这家旅馆的经理，你的责任是让旅馆尽可能地多盈利。你不这么做的话，你的经理职位难得保住，也不应该保得住。”就这样，卡耐基稳住了经理的情绪，并开始通过“换位思考”的言辞，帮他合计了一笔账。

卡耐基缓了口气，继续说：“我们先从有利的一面来看。大礼堂不出租给讲课的而是出租给举办舞会、晚会的，那你可以获大利了。因为举行这一类活动的时间不长，他们能一次付出很高的租金，比我这租金当然要多得多。租给我，显然你吃大亏了。”看到经理听得十分入神的样子，卡耐基便顿了一下，微笑地继续讲下去："我再来分析一下对您不利的一面。首先，你增加我的租金，却是降低了收入。因为实际上等于你把我撵跑了。由于我付不起你所要的租金，我势必再找别的地方举办训练班。还有一件对你不利的事实。这个训练班将吸引成千的有文化、受过教育的中上层管理人员到你的旅馆来听课。对你来说，这难道不是起了不花钱的活广告作用了吗？事实上，假如你花 5000 元钱在报纸上登广告，你也不可能邀请这么多人亲自到你的旅馆来参观，可我的训练班给你邀请来了。这难道不合算吗？"卡耐基的话语刚落，经理的收支合计算盘也就打定了。就这样，卡耐基成功说服了经理，以原来的价格继续着这一季乃至以后的培训活动。

我们都能看出，卡耐基确实把话送到了对方心里，并达成了说服他人的目标。他靠的便是"换位思考"的言辞所带来的效用。**"换位思考"要求我们对人要将心比心，遇事要仔细揣摩对方，设身处地地为他人着想，通过沟通说服他人，使其感到来自对方的真诚。**唯有这样，你才能把话说到对方心里，得到同样真诚的回馈，以达到家庭、工作和社会的完美和谐。

总而言之，说服他人，攻心为上。用利益的杠杆让对方看到希望的所在，用换位的言辞让对方真正衡量自己的得失。最有效的说服力，必将为你成就最精彩的职业人生做出巨大的贡献。

有些话不要“脱口而出”

一般来说，脱口而出的话是来自潜意识的，它往往源于我们内心真实的想法。但是我们已经知道了，有时候虚伪比真诚更重要，并不是任何时候都非要说实话不可的。

假如任何时候，你都让想说的话“脱口而出”，会有什么结果呢？那些口无遮拦的话，极有可能像一把利剑伤人伤己。

有个叫亨利的人，他不善于说话，得罪了不少人。有一次，亨利过五十岁生日，特意邀了好友皮特、吉安、麦瑞、西蒙来家中欢聚。快要吃饭的时候，亨利看西蒙还没有来，懊恼地说：“该来的不来。”皮特听了这句话心想：“我们可能是不该来的。”于是拍拍屁股走了。亨利见皮特莫名其妙地走了，就着急地说：“哎呀！不该走得又走了。”麦瑞一听，心想：“看来我们是应该走的。”也就不告而辞了。亨利见麦瑞又走了，摊摊手对着吉安讲：“你看，我又不是讲他。”吉安心想：“你不是讲他，那一定是说我了。”于是气呼呼地拔腿就走。亨利不明究竟，吃惊地说：“啊！怎么都走了？”

我们其实都明白，亨利并不是想要赶走谁。但是他错误的说话方式，让他得罪了所有的客人。所以，在开口说话之前，先沉默 3 秒钟，想一下自己想要说的话，会不会伤害到别人。会不会让人觉得不舒服，考虑好再说，千万不要脱口而出之后，才发现这些话是多么的伤人。

其实，谁都不愿受到攻击或伤害，然而生活中总有一些人说话信口开河，想怎么说就怎么说，从不顾及他人的感受。有的是蓄意性的指桑骂槐，有的则是无意识的，但是不管你是有意的，还是无意的，有一点是共同的，就是伤害了他人的自尊心。

而且，没有人愿意让别人提及自己的缺陷和缺点，如果你拿一些别人的缺陷和缺点作为话柄，就等于在别人的伤口上撒盐，无论是谁，都是无法忍受的。你有意无意地让别人受到伤害，别人就会反过来伤害你，这是人们都不愿意看到的两败俱伤的情形。

从前有一个坏脾气的男孩，一次，父亲给了他一袋钉子，对他说："每当你发脾气时，就钉一个钉子在围栏上。"男孩虽然不知道用意，但还是照父亲的话去做了。第一个月，每天都钉下几十根；第二个月，渐渐地少了，他发现控制脾气要比钉钉子更容易，再也不乱发脾气了。他父亲看后又要他每当自己控制自己脾气时，就拔出一根钉子。时间一点一滴地过去了，钉子也一点点地消失。终于，钉子全拔完了，他又蹦又跳地去找父亲。父亲很高兴，牵着他的手来到围栏边，温和地对男孩说："你做得很好，我的孩子。但是，看看那些栏上的洞，这些围栏将永远不能恢复到从前的样子。你生气的时候说过的话，就像那些钉子一样，在对方的心里留下永久的伤心。话语的伤痛也像真实的伤痛一样，令人无法承受。"这个男孩就是林肯，后来他成为了美国历史上最伟大的总统之一。

每天钉几个钉子和每天拔几个钉子都是非常容易的事。但一时冲动说下的话，做过的事，却可能造成别人无法忍受的痛苦，最终造成两人关系不合，产生仇恨。而且，那些脱口而出的语言，对人的伤害有时甚于动作，挨了一棍子吃上两耳光可能几天就过去了，可是，一句伤人心的话，可能一辈子留存在脑间。每一个人都有自己的人格尊严，都有自己的容忍度，我们切不可图一时发泄之快，给别人留下永远难以愈合的语言伤害。

现实生活中，许多因词不达意、语言尖刻抑或“刀子嘴豆腐心”而惹人生厌者比比皆是。正所谓“片言之误，可以启万口之讥”。激昂慷慨，言人所不敢言，对方自会发生辛辣的反应；陈义晦涩，言辞拙讷，对方自会发生苦涩反应；一味诉苦，到处乞怜，对方自会发生寒酸反应；好放冷箭，伤人为愉，伤人越甚，越以为快，对方自会发生创痛的反应。

所以在我们年少时，就应该学会控制自己的情绪，不要动不动就出口伤人。**为别人留一扇窗，也能让自己看到更灿烂的阳光。**

也许你会说，我本来就性格直爽，实在讨厌拐着弯说话。那么现在教给你一个办法：开口之前先问自己三个问题：

这是真的吗？

这是善意的吗？

这是有必要的吗？

这三个问题叫“开口的三扇门”，可以在许多著作中找到相关解释。提出这些问题至少能在开口之前给自己一点暂停的时间，而这短暂的时间足以给你省掉很多麻烦。

不要吝惜给别人赞美

我们需要那些批评的声音来纠正我们的不足，同样，也不能没有赞美之声。如果我们总是以一种严苛的态度去批评他人，轻则心理产生隔阂，重则导致一个人变得自卑，整日郁郁寡欢，一蹶不振，认为自己一无是处。

可是，试问这世上有谁是完美的？所以不要用自己的标准去束缚、要求、苛责他人。而且，在别人自怨自艾的时候，给予正确引导、鼓励，会让她重树自信心，发现自己不是毫无可取之处也是有闪光点的。人有自信心就会变开朗、乐观，散发出强大的活力。

所以，不要吝惜你的赞美之词。**多一点赞美之词，少一点批评的声音，这世界会更美好和谐。**

赞美是一种行之有效的交往技巧，它能够有效地拉近人与人之间的心理距离，使彼此迅速地产生沟通的愿望。美国有一位心理学家指出："渴望被人赏识是人最基本的天性。"既然渴望赞美是人的一种天性，那我们在工作中就应学习和掌握好这一智慧。学会赞美会让你大受欢迎，这无疑对你以后的职场发展大有好处。

赞美是一种学问，其中的奥妙无穷，但最有效的赞美则是"背后鞠躬"，即在第三者面前赞美对方。当面赞美别人尽管也能拉近彼此的距离，但难免有时会让人觉得有一些恭维的成分在里面，沾着奉承的色彩。但"背后鞠躬"就避免了这些弊端，受表扬的人不在场，因此这个"鞠躬"肯定会被认为是发自内心的，是诚恳的，因此更容易让人相信和接受。

有位妻子非常懂得如何使用"背后鞠躬"的"手段"。刚结婚时，以前的闺中密友经常打电话和她聊天，每当别人问道："你现在还好吗？"她总是满脸幸福的笑容并回答："我很幸福！他对我很好，一旦我身体稍有不适，他就紧张得不行，还时刻叮嘱我并喂我药。还有他的厨艺很好，做的饭菜可口，我工作忙的时候他就收拾家务，比我打理得还好……"而在她这样说的时候，她的丈夫一定就在她不远处边做自己手边的事边竖起了耳朵听，心里自是万分甜蜜。事实上，刚开始时他只会做点汤，收拾屋子也是偶尔为之。听了妻子在外人面前这样夸他，他就更愿意去做了。

这位妻子真是颇有"心计"，试想一下，作为丈夫，当听到自己的妻子在别人面前如此夸赞自己，能不在以后的日子里好好表现吗？

通常人都有这样的心理，如果别人对他的印象和评价与自己期望的不一样，他就会自觉地调整和修饰自己的言行，以期符合别人对自己的看法。例子中的那位妻子正是深深懂得了“背后鞠躬”的奥妙，从而轻易地征服了她的丈夫。

背后鞠躬不但能帮你赢取别人的欢心，还能化解别人对你的不满。当别人对你有意见时，不要直接反驳，像林肯一样“背后鞠躬”，能收到“不战而屈人之兵”的良好效果。

一次，有人告诉林肯总统，国防部长斯坦顿背后骂他是该死的傻瓜，明显这是传话人从中挑拨离间，想讨好总统而搬弄是非故意制造事端。

岂料林肯总统非但没有表现出对国防部长的一丝怀疑和怪罪，相反心平气和地说道：“如果他对我的评价是个该死的傻瓜，那么很可能我就像他所说的那样。我深知他的为人，办起事来也十分认真，而且所说之话十有八九都是正确的。”

一传十，十传百，林肯的话很快就传到了斯坦顿的耳朵，他深受感动，觉得自己非常惭愧，并主动向林肯表示了他崇高的敬意和歉意。

回想林肯听到传言时，虽然意识到国防部长对自己有意见，但是如果自己当场否定他，事情必定只会越来越糟，而如果他在众人面前能表明自己对斯的信任和肯定，有意识地借“义务传声筒”将话传回去，反而可以促进对方调整自己的言行。

美国著名的人际关系学大师卡耐基，有一次去邮局寄一封挂号信，他见工作人员很不耐烦，也许是因为他今天遇到了什么不开心的事，也或许是因为多年简单重复的工作令他厌倦不已。卡耐基心想，我一定得说一两句令他高兴的话，可是，他的身上有什么值得我真正赞美的呢？卡耐基认真观察了一阵，终于发现了他身上的一个闪光点。

轮到卡耐基时，他真诚地对工作人员说："真希望能有一头像您这样的头发。"工作人员听后，先是有几分惊讶，接着眼神中便流露出了自豪与喜悦，他谦虚地说："是吗？老了，不如以前那么油亮了。"卡耐基说："虽然你的头发没了年轻时的乌黑，但我仍然觉得很漂亮。"

这便是卡耐基，在他的眼里，看到的总是别人的优点和长处，他之所以能成为美国最伟大的成功学大师，就在于他懂得欣赏别人，赞美别人。他常常在公共场合赞美他的同事，甚至在他的助手去世时，还不忘在墓碑上赞美道："埋葬在这里的，是一位如果理事，比他自己聪明的一个人。"

适时的赞美别人很重要，不仅可以增加对方好感，而且可以体现你的修养。美国哲学家约翰·杜威说："人类本质里最深远的驱策力，就是希望具有重要性。"没有人不喜欢被赞美的，学会赞美他人，与人沟通将顺利许多。

美国"钢铁大王"卡内基，在商场上也是人缘极好。1921 年他付出 100 万美元的超高年薪聘请一位执行长夏布。许多记者访问卡内基时问："为什么是他？"卡内基说："因为他最会赞美别人，这也是他最值钱的本事。"深谙沟通之道的卡内基，明白一个善于赞美他人的人，是能够妥善处理日常工作中的矛盾的，所以才不惜高薪聘请。其实，卡内基自己也是善于赞美的能手，这为卡内基赢得良好的人际关系，也能够很好地为他的事业保驾护航。

心理学理论告诉我们，赞美是人的高层次需要，从某种意义上来说，人所做的一切努力都是为了得到他人或社会的肯定。当你很认真地完成一件事后，听到别人对你说：你做得真好！我真佩服你！你的效率真高！真是难以想象，这么艰巨的任务你都完成了。听到这样的评价，你的心里有什么感觉呢？

赞美于别人是一种信任、赏识、鼓励和鞭策，于自己则是一种良好的交际手段，你会因为对别人的赞美，而成为一个受别人欢迎和尊敬的人。**一句赞美的话，往往会让阴霾的天空充满阳光，让冰冻的心田如沐春风，让处在黑暗中的人看到希望，让奔跑中的人更加奋发进取。**诚挚的赞美是许多成功者处世为人的一大法宝，既然如此，那么你又何必吝惜自己的赞美呢？

第五章

这十年，你要如何把工作做好？

工作并不是简单的谋生

何为事业？何为谋生？如果想明确事业路到底该如何走，掌握大学后的工作思维，这一点便是你绕不过的疑问。《易经》有云：举而措之天下之民，谓之事业。简单地说，就是做了自己喜欢的事情，却又帮助了他人，这个就是事业。而谋生就是谋求生计，以求生存。不管经济起落，无论禀赋高低，任何人都逃不开“谋生”这个话题。但是，谋生不应当成为你追求的一切，更不是你的工作的终极目标。初入职场的你，一定要将目光放得长远，把工作看成事业，而不是谋生。

关于如何看待工作，有这样一个经典的小故事。有一天，一位路人经过一个小镇，看到三个石匠在砌墙，于是过去同他们聊聊他们的工作。第一个石匠无可奈何地叹息说：“我的工作枯燥，每天重复无味地搬石头砌墙，只是为了谋生。”第二个石匠神色凝重地说：“我的工作很重要，我得把墙垒好，这样房子才结实牢固，住起来才舒适安全。”

第三个石匠的表现完全异于前面两人，他目光炯炯，自豪地说："我的责任十分重大，这是镇上的第一所教堂，也是我的第一份事业，我要将它建成百年的标志。"十年后，第一个石匠仍在另一个工地上砌墙；第二个石匠却坐在办公室里画着图纸，他成了工程师；第三个石匠则穿梭于世界各大城市，他成了全世界最炙手可热的建筑师。

毫无疑问，谋生或是事业的不同界定，将对你的工作热情和潜力产生巨大的影响，亦将对你未来职业人生的发展产生不可估量的作用。想一想，你自己或是你身边的人，是否整天嚷嚷着工作太辛苦、收入太低，干起来没有丝毫的热情和快乐；成天寻思着如何摆脱这种状况，感慨着这样的付出只是为了生计。如果你也有这样的状况，那就恰恰说明你把工作当成谋生而非事业。

其实，要解决这样的状况，方法很简单，那便是把工作当成自己的事业。唯有如此，你才能不计眼前短小得失而全心投入到工作中;也才能不因为工作的艰辛而退缩,不因为工作的"无聊"而萌生退意。总而言之，事业的定位，将使你的工作中收获更多、进步更快，成功的概率也就更高。这一点，甚至在你从事"卑微"的工作时亦是如此。

这个世界上，有这么一类人，他们坚信：即使最微不足道的工作，也能成为自己发光发热的事业。佐腾直子便是当中杰出的一位。佐腾直子的第一份工作，是到某国际酒店当服务员。当时还是妙龄少女的她曾经下定决心：第一份工作一定要认真干！但出乎意料的是，上司竟然安排她去洗厕所！洗厕所在嗅觉上、视觉上以及体力上都让她无法承受，她细皮嫩肉又喜欢干净，当她第一次用手拿抹布伸向马桶时，瞬间胃里翻江倒海，恶心得几乎要呕吐出来。而上司对她工作质量的要求却特别高，必须把马桶洗得像新的一样干净。于是，她陷入了苦恼、困惑之中，也哭过很多次鼻子。她面临着是不是继续坚持下去的抉择，是另谋职业还是继续。人生路岂能打退堂鼓？

在这个人生的关键时刻，一位前辈及时帮助了佐腾直子。他并没有用那些空洞的理论去说教，只是亲自示范了一下洗厕所给她看。他首先一遍遍地抹洗着马桶，直到抹洗得像新的一样干净，然后，他在马桶里盛了一杯水，竟然毫不勉强地一饮而尽。上司“像新的一样干净”的要求，要点是“新”，新就代表不脏，新马桶里的水是不脏的，是完全可以喝的；反过来，只有马桶中的水达到可以喝的程度，才算是把马桶洗得“像新的一样干净”了。而这一点也被前辈证明是可以办到的，只要你对工作全力探索、尽量做好。一次实际行动胜过千言万语，这一次经历给了佐腾直子很大的震撼，即使是很平凡的岗位，亦有许多值得你发挥之处。

佐腾直子热泪盈眶，如梦初醒，于是，她下定决心：“就算一辈子都洗厕所，也要做一名最出色的洗厕所人！”她摆脱了苦恼、困惑，更重要的是认识到人生路应该怎么走，事业的道路应当如何发展。就这样，她很漂亮地迈出了人生的第一步，开始了她的成功之旅。往后，佐腾直子在许多岗位上摸爬滚打，但她从来没有忘记：将工作当成事业，即使在最简单的岗位，也要尽心探索，最出色地完成工作。终于，这一工作的座右铭激励着佐腾直子不断前进，几十年光阴过后，她成为了政府的主要官员——劳动部部长。

许多初涉职场的年轻人，总是不满意自己的第一份工作，要不觉得待遇太低，要不觉得工作太苦。他们坚信世界上存在着许多成功或者挣钱的机会，于是他们焦急地寻找、热切地期盼，期待在其他时间、其他地点、其他行业或是其他工作职位，能让自己摆脱目前手头上这份普通简单的工作。在他们看来，这一份工作仅仅是为了谋生，没有其他魅力值得自己奉献。殊不知，第一份如此，第二份亦如此，长此以往，职业人生亦渐渐走到了尽头。

有一位哲人曾经说过：**如果一个人能够把本职工作当成自己的事业来做，那么他就成功一半了。**然而，不幸的是，在今天的很多人看来，工作却并不等于事业。他们认为，谋职业、找工作不过是为了养家糊口、混日子罢了。这些人心浮气躁，他们成天抱怨着："现在这份工作，能有什么出头之日？""混呗，干这差使有什么希望可言？"这些对工作心灰意冷的人，他们总把手头的工作当成是一种谋生的手段，他们忘记了踏实干好本分工作，更忘了从工作中汲取进步的养分和前进的契机。

比尔·盖茨曾经说过："如果只把工作当作一件差事，或者只将目光停留在工作本身，那么即使是从事你最喜欢的工作，你依然无法持久地保持对工作的激情。但如果把工作当作一项事业来看待，情况就会完全不同。"如果你把工作当成谋生，则很容易感到艰辛、枯燥、乏味，甚至看不起自己的工作而自暴自弃；如果你把工作当成事业，即使简单的工作、普通的岗位，也会激发出你的热情和潜能。殊不知"一屋不扫，何以扫天下"，一个人连最简单的事情都干不好，又如何能做出惊天动地的大事呢？从此刻起，无论你在什么岗位上，也无论你从事什么事业，请告诉自己：把工作看成事业，而不是谋生！

做好“分内事”，争取“分外事”

职场中很多人认为做好分内事就好，不要去干涉别人的工作。这样没有什么不对的，但有这样想法的人，也只能一直待在自己的工作岗位上，不会升职，也不会有自己的事业。那些拼命给自己多找些分外事做的人，是有劲没处使吗？是甘当傻子吗？不，当“精明的”人在嘲笑“傻傻的”人时，岂不知最大的傻瓜是自己。

分内事和分外事，是工作思维的探讨中永远不过时的问题。到底应当如何对待分内事和分外事？分内事和分外事对我们的职场人生又会有多大的影响？所谓“分内事”，便是你的本职工作和业务范围；“分外事”，则是你在本职工作外的额外工作。关于这两者的关系，大学后的毕业生应当树立的一个理念是——做好“分内事”，争取“分外事”。

做好“分内事”，便是要求你努力做好自己的本职工作，出色完成工作任务。这种“分内事”，可以细致到简单的文字处理和文件整理的工作，对于这样的“小事”，你同样需要谨慎对待。而在这个职场竞争日益激烈的年代，做好“分内事”的要求则远远不限于此，它需要你发挥主观能动性，积极主动地解决工作中的难题，出色地完成别人无法完成的任务。唯有如此，你才能以过人的能力获得上司的青睐，成功取得晋升的机会。

工作中，任何人会遇到各种各样的难题。此时，是选择逃避？还是勇于承担责任？便是你能否做好“分内事”的关键。杰克·韦尔奇亦同样遇到过这个状况，最终他选择了直面难题、承担责任，做好自己的“分内事”。1965年，通用电气公司决定建造一座价值1000万美元的工厂生产诺瑞尔，但是没有人愿意为一个不能确定商业价值的产品拿自己的事业前程做赌注，于是总裁将这个艰巨“分内事”交给了杰克，他被指定为经理。

说是经理，其实就是一个创业者，但是杰克仍然勇敢地承担起来。杰克感觉到，应该先把诺瑞尔卖给通用电气内部的诸多企业，但当时所有的家用器具都是用金属制造的，杰克就用诺瑞尔制造出了电动罐头起子，这样他就有了第一种可以销售的终端商品了，借此他让人们相信，诺瑞尔还可以有许多其他用途，包括汽车车身和计算机外壳等。由于当时的市场对塑料制品的需求不大，杰克几乎走遍了可能的大小市场，不断地让那些婴儿奶瓶、汽车、小器具用品的制造商们了解，利用塑料来制造这些东西，不但便宜、轻巧，而且更加耐用。

承担起这一艰巨“分内事”的经历，是杰克职场人生中的闪亮一笔，塑料部工作的出色完成也为杰克日后在通用的成功奠定了根基。他说：“我这一生中最兴奋、最值得纪念的时光，就是那段使塑料部门在匹兹菲尔德突破成长的璀璨岁月，它让我深深懂得，快速流动的水不会结冰。”杰克也因此被喻为“推销天才”。这就是杰克·韦尔奇的工作作风，他坚持直面工作中的难题，出色完成本职工作，做好“分内事”。

正是这种做好“分内事”的出色表现，使杰克·韦尔奇得以从一名普通的技术员工开始，不断获得晋升，并于 1981 年他成功接任了通用电气公司总裁职位。在短短 20 年间，这位商界传奇人物使通用电气公司的市场资本增长 30 多倍，达到了 4500 亿美元。

直面工作中的难题，出色完成本职工作，做好“分内事”，对你的职场发展大有裨益。在许多企业家眼里，那些积极工作、迎难而上的员工，才是真正热爱公司、懂得工作价值的人，才能成为企业的中流砥柱，推动企业的发展。杰克·韦尔奇就曾经说过：“在工作中，每个人都应该发挥自己最大的潜能，努力工作而不是浪费时间寻找借口。要知道，公司安排你这个职位，是为了解决问题，而不是听你关于困难的长篇累牍的分析。”所以，做好“分内事”，提高解决工作问题的能力，你能胜任的职位也会越高。

但是，单单做好“分内事”，你还不能完全掌握职场发展的真谛。争取“分外事”，这是许多职场成功人士的经验。如果你在工作中只会准点上班准点下班，坚持做好自己的本职工作，数年如一日地重复简单劳动，不会主动给自己找活干，那你很难获得上司的青睐和职场的晋升。在工作中，能人和普通人有一个最大区别，那就是：普通人非常满足于把自己的“分内事”做好，而能人拼命地给自己多找些“分外事”做。

这一点，奥普浴霸的创始者方杰便是一个典范。方杰在澳大利亚留学时，曾经到澳大利亚最大的灯具公司“LIGHTUP”工作，并通过争取“分外事”的方法获得了许多学习的机会，为以后的创业积累了许多资本。当时，方杰作为一名学生，一下子就进入到管理层，想接触到公司的方方面面是不可能的。于是，他想出了一个办法，那就是在做好本职工作的基础上，多做一些“分外事”，让老板注意到自己，从而获得提升的机会。经过一段时间的实践之后，他的方法还真的成功了，老板很欣赏这个勤快能干的华人小伙子，于是就把他调到自己身边的公司。争取“分外事”，让方杰迅速得到了赏识，获得了晋升的机会。

除此之外，方杰还通过争取“分外事”，获得了许多学习的机会。他知道老板是一个谈判高手，而在这方面自己还很欠缺。于是，他就主动侧面打听老板的谈判计划，帮忙献计献策，并负责整理资料等，为自己争取到陪同老板谈判的机会。老板的很多谈判都安排在晚上和周末，于是方杰就主动请求为老板当司机、拿文件等。在谈判中，方杰总是认真地将老板与对方的每一句话记下来，回家细细地研究、学习，分析老板分析问题的方法，以及对方是怎样提问，老板又是怎样回答的。经过几年的学习和锻炼，方杰也成为了一个商业谈判的高手，他顺利获得了老板谈判方面的“真传”。

后来，“LIGHTUP”公司老板退休时，主动将自己的位子让给了方杰。1996 年，方杰差不多已经成了澳洲排名第一的职业经理人。今天，方杰回国创立的奥普浴霸，已经成为浴霸行业的带头羊。年销售额从刚刚开始的 30 万元到今天的 2.8 亿元，“奥普神话”成就了一个家喻户晓的品牌。

许多成功的职业人，其成功的关键便在于努力多做分外事，在分外事中不断学习和成长起来。然而现在有很多这样的人，他们很少在工作中投入自己的智慧和热情，而总是被动地应付工作。他们循规蹈矩、遵守纪律，却缺乏基本的责任感，只是在机械性地完成任务，而不是主动地、创造性地工作。这种人，往往很难获得上司的青睐和晋升的机会，也会极大遏制了主观能动性的发展。所以，从今天开始，请积极争取“分外事”，把握职场先机。公司领导层眼里，如果你只是唯唯诺诺，或者尽本分，漠不关心公司的发展前景，你就不可能获得额外的报酬，只能得到属于你原本的那一部分。

要为公司创造利润

一个企业，生存的唯一理由就是创造利润，有利可图是一个企业运营的意义和目的。**对于在企业工作的员工来说，劳动是谋生的手段，只有通过劳动，为企业创造价值，使企业赢利，员工才能获取报酬，才能有稳定的生活保障。**

美国惠普公司创始人之一戴夫·帕卡德曾经有过这样一个精辟的论述："只有在员工为公司创造出丰厚利润的条件下，他们的奖金和工作才能得到保障。公司只有实现了赢利，才能把赢得的利益拿出来与员工分享。"一语道出了每个企业对优秀员工的基本要求，那就是每天都为企业创造利润。

其实，这样一个道理很好理解。赢利是任何一家企业在市场中发展、竞争的最终目标，所以，创造最大的财富也是公司老板和所有员工最为一致的目标。作为员工，一定要为公司创造财富，而且要把为公司创造财富当作神圣的天职、光荣的使命。唯有如此，你才是一个真正合格的公司员工，也才能获得管理层的赏识和青睐。一个简单的职场寓言故事,便说明了这个问题。

有一个贵族，他将出行赴远方旅行。临行前，这位贵族找来了自己的三位仆人，交给他们一个任务。他将分别给这三人一笔银子，让他们凭着自己的才能去创造财富，等回来时向他交差。后来，这个贵族旅行归来，他把三位仆人叫到身边，了解他们经营财富的状况。

第一个仆人告诉这位贵族："主人，您交给我 5000 两银子，我已用它赚了 5000 两。"主人听了很高兴，赞赏地说："善良的仆人，你既然在赚钱的事上对我很忠诚，又这样有才能，我要把许多事派给你管理。"第二个仆人接着说："主人，你交给我的 2000 两银子，我已用它赚了 2000 两。"主人也很高兴，赞赏这个仆人说："我可以把一些事交给你管理。"第三个仆人来到主人面前,打开包得整整齐齐的手绢说:"尊敬的主人，您的 1000 两银子还在这里。我把它埋在地里，听说你回来，我就将它挖掘出来。"这时候，主人的脸色阴沉下来，他夺回第三个仆人的 1000 两，交给那个有 10000 两银子的仆人，并说："凡是有的还要加给他；没有的，连他所有的也要夺过来。"又回过头来恶狠狠地对第三个仆人说："你这个没用的家伙，你所做的只是在浪费我的 1000 两银子！"

这一则简单的寓言故事其中所隐含的深意，值得我们深思。我们大可以将这位贵族比作现在企业的领导者，没有财富的增值、没有利润的增加，无异于浪费企业的资源和人力。其实，这是一个再浅显不过的道理：使财富增值是每个员工的天职，为企业节省成本是每个员工的工作重点。

在管理层眼中，那些真正关心企业、热爱企业的员工，绝对不会用嘴巴来表达自己的感情，而是用最为实际的行动来“示爱”，努力为企业创造利润。在职场中便有这样一句企业立足的“至理名言”——爱它就为它创造利润。所以，从此刻起，成为一个每天都为企业创造利润的员工，将是你工作思维转换的重要一步。

一个普通的质检员，却为企业节省了大量的水资源，大大降低了企业的质检成本，获得了企业领导层的一致好评。这个女孩，便是海尔公司空调事业部的一个普通质检员戴弋。戴弋在工作中十分留意本职工作中可以改进之处。有一次，戴弋发现以前在检验空调的时候，冷凝器上有油脂，在大批量检验完后，水便会浑浊，一天要换好几次水，每次都用掉近 10 吨水，很是浪费。一般来说，如果有人发现这种情况，便会简单地将问题向上级反映，但细心的戴弋发现了这个问题，并没有简单地上报给主管领导，而是动起了脑筋，开始想怎么能够解决这个问题。后来，戴弋想出了一个可以节约用水的好办法：根据不同大小的机型，水位不必要都一样高，有的可以调低，这样就会节约很多水。事后，戴弋说：“当时没想别的，一心就想解决问题。”对于这样积极为公司节约成本、创造利润的员工，领导当然很赞赏。空调事业部一厂的订单执行经理吴希红说：“戴弋这个小姑娘，根本不用人操心！那股干事业的劲头，看了就让人高兴！”虽然只是一个水位调动，但这个方法却十分可行，为海尔的质检部门节约了大量用水。如果你也是这样一位每天在思考着、践行着“为企业创造利润”的员工，那你绝对离优秀员工不远。

当然，为企业创造利润，决不能仅仅停留在口号和方案上，

你必须用你的行动、用你的成果，让管理层实实在在感受到成本的降低和利润的产生。现代社会，企业越来越注重结果，不再沉湎于员工口头的忠心与苦劳，如果你爱企业，就必须实实在在为企业创造业绩。总而言之，不重美言重贡献，靠实力说话，应当是你“每天为企业创造利润”的根本立足点。这个点，很可能成为你职场发力的关键。

亨瑞和凯文同为应届毕业生，经过招聘流程，顺利进入一家著名家电企业司下属的质量检测中心工作。经过初步的岗位适应，他们被分配到某部门对该公司所生产的产品进行样品抽查、数据保存和分析。他们俩都深知为“企业创造利润”的重要性，也清楚自己岗位的重要性，于是开始了各自“创造利润”的工作。为了积极表现自己，亨瑞接二连三地敲开老板办公室的门，提出一个又一个建议或意见，从如何更好地分配员工、提高质检中心管理效益，到如何更好地进行质检工作。但是，中心主任脸上的笑容却日益减少。

而凯文则采用另外一种行事风格。他深知为公司做出贡献必须靠实实在在的行动。在平常的工作中，凯文不仅以最高标准要求自己，还特别留心将不计入分析的抽查数据保存起来，每一个月做一次报表统计。这样，可以弥补公司分析材料的不足，而这个分析材料是直接作为公司产品升级依据的。这份“凯文式报告”在第二年的年度产品改造和重组计划中发挥了重要作用，公司领导对这份报告非常重视，说凯文为公司做出了不可磨灭的贡献。公司按照他的报告调整产品后，在优势市场上继续所向披靡，在原先市场占有率不是很高的地区也开始呈现上升的势头。在经过一个季度实实在在的统计后，凯文累计为公司创造了300多万元的利润，这对于一个初涉职场的新人而言是非常惊人的。于是，凯文也凭借着自己“为企业创造利润”的实际行动顺利上位，职位晋升和薪金增长也随之而来。

亨瑞与凯文的区别何在？他们都明白要“为企业创造利润”，但各自却采用了不同的方式——一个侧重于建言，一个侧重于实干。他们的奋斗结果有目共睹，所以，如果你想成为所在部门、企业的中流砥柱，就请拿出实干的精神和行动，踏踏实实地为企业创造利润。

总而言之，企业生存下去的根本在于利润的创造，创出业绩，让企业能够“活下去”，并且一天比一天“活得好”，是一名优秀职工的基本素养。作为员工，我们的职责就是做出业绩，为企业创造利润。创造利润是员工热爱企业的表现，而对企业既有的规章制度及相应措施妄加评论，或是成天想着如何帮助企业完善各项规章制度，而不能为企业发展作出任何贡献的员工，最终也只能落个“空想家”的名头。所以，从此刻起，请用自己的实际行动，踏踏实实地为企业创造出切实的利润。

用问题激发自己的思考

在工作中，每一个人都会遇到很多问题，面对问题，我们应如何解决，如何处理，怎样把问题化小，最终使问题消失，这些都是值得探讨的。

英国著名哲学家弗朗西斯·培根说过："如果你从肯定开始，必将以问题告终；如果你从问题开始，必将以肯定结束。"这句充满哲理的名言，同样适合于我们职场的发展。发现和提出问题，是激发你开动大脑，进行思考的动力，也是解决问题的起点。古往今来，有许多发明创造，都是从提出问题开始，进而在解决问题中获取成功的。对于许多工作上的问题，初涉职场的你也可以采用相同的方法和战略。

现代物理学的开创者和奠基人爱因斯坦，曾经在晚年感叹道："提出一个问题往往比解决一个问题更重要，解决一个问题也许仅是一个数学或实验上的技能而已，而提出新的问题、新的可能性，从新的角度去看旧的问题，却需要创造性的想象力，并标志着科学的真正进步。”李政道也说过：“最重要的是提出问题”。切不要认为，这只是科学研究上的问题，“用问题激发你的思考”，同样适合于你工作上的发展。

在海湾战争打响的时候，美日矛盾日益激化，美国普通民众对日本及日货的抵制情绪也在慢慢酝酿。这时，作为日本凌志汽车在美国南加州的销售代理杰强，开始了自己关于销售代理业务发展的思考：随着海湾战争一步步深化，美国人会不会大量减少日本凌志汽车的购买呢？这对自己的事业又将产生多大的消极影响？

在提出问题后，经过一系列分析，杰强认为如果人们因为战争和社会稳定问题，不来参观凌志汽车的车型的话，那他肯定会失去工作。这时，另一个问题便随即而来：那又该如何尽可能减少消极影响？仅仅依靠销售人员通常采用的做法——继续在报纸和广播上做大量的广告，坐等人们来下订单，又能有多大的效果呢？在对这一系列问题进行分析和逐个击破之后，杰强采用了一种“不一般”的解决方法。对于这个问题，杰强是如此分析的：假设你开过一辆新车，然后再回到自己的老车里，你会感觉到你的老车怎么突然之间有了那么多让你不满意的地方。或许之前你还可以继续忍受老车的诸多缺点，但是忽然之间，你知道了还有更好地享受，你会不会决定去买辆更好的车呢？

将问题分析到此处，杰强明白自己已经掌握了问题的关键。他立刻开始落实他所想到的那个新对策，他吩咐若干销售员工户外工作，让他们各自开着一辆凌志新车，到富人常出没的地方——乡村俱乐部、码头、马球场、比佛利山和韦斯特莱克的聚会等等，然后邀请这些人坐到崭新的凌志车里兜风。这些富人享受完新车的美妙以后，再坐回到自己的旧车里面的时候，真的产生了很多抱怨声，在那之后，陆陆续续开始有人购买或租用新凌志车，并且生意也没有因为战争而受到很大的影响。在经过提出问题——分析问题——把握关键——解决问题的一系列过程之后，杰强思考出了一个出奇制胜的解决方法，这种方法与单纯在报纸和杂志上做广告的方法相比，起到了立竿见影的作用。

用问题激发自己的思考，这对于你在工作中解决问题、取得突破将产生十分重要的作用。问题出现了、困难产生了，这本身并不可怕，因为他们恰恰是激发你思考和解决问题能力的关键。西方国家有这样一句经典：上帝每制造一个困难，也会同时制造出三个解决它的方法来。所以，尽管用敏锐的洞察力发现问题，用思考将他们一一击破。

其实，用问题激发自己的思考，作用不仅仅限于渡过难关和取得事业上突破，它也是你事业创新的主要突破点。创新能力是事业发展的关键，而提出问题是你是否具有独特性和创造性的一个重要依据。在提出问题，尤其是一个好问题之后，能够为其找到一个创新性的解决方法，对于你事业的发展也至关重要。

说起松下电器你肯定不会陌生，但你是否清楚松下集团起家的法宝呢？这便是由一个普通的生活问题而产生的电插头。在松下幸之助创业之初，由于插头的性能不好，产品的销路大受影响。但有一次，一对姐弟的对话，却引发了松下幸之助的思考。弟弟吵着说："姐姐，你能不能快点开灯，我想看书。"姐姐哄着弟弟说："好了，好了，我就快熨好了。""老是说快熨好了，已经过了 30 分钟了。"姐姐和弟弟为了用电，一直争吵不休。因为当时的插头只有一个，姐姐要用来熨衣服，弟弟又想开灯读书，两人无法同时使用。于是，这引发了松下幸之助的思考：只有一根电线，有人熨衣服，就无法开灯看书；反过来说，有人看书，就无法熨衣服，这不是太不方便了吗？要是生产出同时可以两用的插头，那么同时间不就可以做两件事情了？在提出这个问题之后，松下幸之助便开始了用思考解决问题的过程。通过认真的研究和分析，不久，松下公司就设计出了两用插头的构造。第一批试用品问世之后，很快就卖光了。因为两用插头当时仅此一家出售，所以订货的人越来越多，供不应求。为了提高生产量，松下集团多次扩大规模，增加工人。从此，松下幸之助的事业，走上稳步发展的轨道。如今松下集团已经发展成为世界著名的综合型电子企业，而它的成功，正是由一个普通的生活问题所带来的巨大创新而产生的连锁效益。

用问题激发自己的思考，你才能迸发出无限的创新动力和更多解决问题的能力。**每一个思维活跃、工作扎实的职场人，往往都会在提出问题、分析问题后，列出了若干条可以实现的办法，最后确定了其中最妙的一个手段，作为其工作和事业继续发展的策略。**

爱迪生这一生中有1600多种的发明，他使人类文明史前进了至少200年。他的一生不断取得突破的关键，便在于他凡事都爱问个“为什么”的能力方式。所以，用问题激发自己的思考，你也可以挖掘出自己的潜能，获得事业上的突破。

在平时的工作中，主动地、有意识地培养自己提出问题和研究问题的习惯，不仅是克服头脑简单的一种方法，也是提高自己创新能力的重要途径。从此刻起，多提问题，多思考，赢得职场的新突破。

保持住你的职业微笑

这个世界上有一种神奇的东西，能使人如春雨一般凉爽，如彩虹一般绚烂，像春花一样可爱，像冬雪给人惊喜。这就是微笑！不管是在生活中，还是在工作中，时刻记得要保持微笑。

有一副对联说得好，“眼前一笑皆知己，举座全无碍目人”。法国作家阿诺·葛拉索也曾讲过，“笑是没有副作用的镇静剂”。的确，**没有人能轻易拒绝一个笑脸，也没有人能拒绝同一个亲切微笑之人结交。**微笑，能为你带来愉悦的心情，更能为你赢得一个和谐的世界。现在，就赶紧向你身边的每一个人都露出一个愉快的微笑吧。

请保持微笑，因为微笑将为你营造一个和谐的职场环境。在社交的花圃里，不能缺少笑声，不能没有笑声。微笑是社交最一般的礼貌和最基本的修养，是人们文明礼貌和良好修养的具体象征。它展示了一个人内心世界的和美，也表示了对他人友善的情感，给人的感受永远是暖融融的和煦春风。“笑一笑，十年少”、“笑口常开，青春永驻”，说的就是这个道理。和谐的人际关系，往往都是首先从浅浅的微笑开始。

迈克·史坦哈是美国百老汇著名的证券经纪人。从早上起来，到他要上班的时候，很少对自己的太太微笑，或对她说上几句话，对其他人也是整天绷着脸。史坦哈觉得自己是百老汇里最闷闷不乐的人，与周围人的关系也很一般。但是，他自己一直没有意识到这个问题。

直到有一天，史坦哈去参加一个继续教育培训班，培训师给他的一个建议就是——多微笑，于是他就决定尝试一个星期看看。现在，迈克·史坦哈要去上班的时候，就会对大楼的电梯管理员微笑着，说一声“早安”；他以微笑跟大楼门口的警卫打招呼；他对地铁的检票小姐微笑；当他站在交易所时，他对那些以前从没见过自己微笑的人微笑。很快的，史坦哈就发现，每一个人也对他报以微笑。他以一种愉悦的态度，来对待那些满肚子牢骚的人。他一面听着他们的牢骚，一面微笑着，于是问题就容易解决了。史坦哈发现微笑带给自己了更多的收入，每天都带来更多的钞票。而且自己也变得越来越快乐，感觉自己年轻了许多。这给他带来了许多美好的生活体会。

后来，史坦哈还把在微笑方面的体会和收获告诉同一个办公室的另一个经纪人，并声称自己很为所得到的结果而高兴。那位经纪人承认说：“当我最初跟您共用办公室的时候，我认为您是一个非常闷闷不乐的人。直到最近，我才改变看法：当您微笑的时候，充满了亲切感。”微笑为史坦哈塑造了良好的职场形象，也大大拓展了职场的发展疆域。

现在，请问问你自己，今天你微笑了吗？微笑能让人焕发出亲切的魅力，唤醒与他人之间的和谐关系。正是由于微笑，让迈克·史坦哈摆脱了之前糟糕的人际关系，也让他自己变得快乐起来；也是微笑，让迈克·史坦哈赢得了职场新一轮的发展。简简单单的微笑，能够让你在生活和工作上脱胎换骨般，取得令人欣喜的突破。

请保持微笑，因为微笑将为你的发展拓展一个新的疆域。世界著名的希尔顿饭店的创办人康拉德·希尔顿说："如果我的旅馆只有一流的服务，而没有一流微笑的服务的话，那就像一家永不见温暖阳光的旅馆，又有何情趣可言呢？"微笑是希尔顿的法宝，更是希尔顿开拓事业疆域的武器。

1919年，美国旅馆大王希尔顿用12000美元，开始投资自己雄心勃勃的旅馆业。当他的资产有了很大的增长，奇迹般地增值到几千万美元的时候，他欣喜而自豪地把这一成就告诉了母亲。出乎意料的是，他的母亲淡然地说："依我看，你和以前根本没有什么两样，事实上你必须把握比5100万美元更值钱的东西：除了对顾客诚实之外，还要想办法使来希尔顿旅馆的人住过了还想再来住，你要想出这样一种简单、容易、不花本钱而行之有效的办法去吸引顾客。这样你的旅馆才有前途。"经过了长时间的迷惘，经过长时间的摸索，希尔顿找到了具备母亲说的"简单、容易、不花本钱而行之久远"四个条件的东西，那就是：微笑服务。从此，希尔顿便开始了"以微笑吸引客人"的营销过程。

微笑的经营策略，果真使希尔顿取得了巨大的成功。他每天对服务员说的第一句话就是"你对顾客微笑了没有？"即使是在最困难的经济萧条时期，他也经常提醒职工们记住："万万不可把我们心里的愁云摆在脸上，无论旅馆本身遭受的困难如何，希尔顿旅馆服务员脸上的微笑永远是属于旅客的阳光。"就这样，他们度过了最艰难的经济萧条时期，迎来了希尔顿旅馆业的黄金时代。微笑也将希尔顿的事业带上了人生舞台的巅峰。

其实，经营旅馆业如此，其他行业又何尝不是如此呢？职场中遇到的许多烦恼，又何尝不能用你的微笑化解呢？微笑，是和解意愿的表达，是合作心理的反应，是快乐、轻松和自信的标志。无论是谁，都会被你诚恳大方、积极主动的微笑面容所感染，从而改变固执的态度和不良的情绪，产生舒服的感觉，从而为你的职场发展打入一剂强心针。

请保持微笑，微笑对你的益处远不及此。在你事业的发展过程中，当遇到别人的误解或者攻击时，微笑是最有力的回击；在受到别人的曲解后，可以选择暴怒，也可以选择微笑，通常微笑的力量会更大，因为微笑会震撼对方的心灵，显露出你豁达的气度。

一抹浅浅的微笑，有时正是你稳住事业的强心剂。请保持微笑，因为微笑将为你营造一个和谐的职场环境，因为微笑将为你的发展拓展一个新的疆域。在个人事业发展的过程中，有时会遇到挫折和不顺，尽管我们无法阻挡不如意事情的发生，但我们却能选择我们的职场态度和姿态。请记住：真诚的微笑是交友的无价之宝，是社交的最高艺术。主动微笑，体味微笑的益处，不要把“微笑”忘在家里。

细节中充满成功的机遇

通过一段时间的职场摸索，克服了初涉岗位时的战战兢兢，也许，你现在已经开始考虑职场发力的问题了。但此时，你可能会觉得无所适从，不知如何求得工作上的进一步突破，但又不愿如此默默无闻地继续“平凡”的工作。那么，问题到底出现在哪呢？

其实，问题的关键恰恰出现在细节之处。细节之处，看似简单，但往往是你寻找变革的关键。正所谓大礼不辞小让，细节决定成败。可以毫不夸张地说，现在的市场竞争已经到细节制胜的时代。**在这样一个时代，你亦需要从细节中寻找变革、寻找突破，这才有了“成功是细节之子”一说。**

英国著名的科学家瑞利便是一个善于从细节中寻找变革之人。在瑞利年轻的时候，他发现母亲每次端茶时，一开始茶碗在碟子里很容易滑动，可等到洒一点热茶在碟子里后，茶碗却像粘在碟子上一样，一动不动了。等到瑞利成为一名研究员时，他便拿起这个小细节“大做文章”。于是，他不断地进行实验、记录、分析，最终对茶碗和碟子间的滑动做出了这样的结论：茶碗和碟子看上去光洁、干净，实际上表面总留有手指头和抹布上的油腻，使茶碗和碟子之间的摩擦系数变小，容易滑动。当洒了热茶后，油腻被溶解了，碗碟也就变得不容易滑动了。在此基础上他又指出，油对固体之间摩擦力的大小有很大影响，利用油的润滑作用，可以减小摩擦力。后来人们就根据瑞利的发现，把润滑油广泛应用到生产和生活中。当然，这只是瑞利从细节中突破研究的一次经历。在日后的科学探索中，他也总是要求自己凡事多想想，不肯忽视任何细节，他因此在科学的世界里越走越远。最终，瑞利因为发现氩气而荣获 1904 年的诺贝尔物理学奖。凭着对细节的执着，这位研究员最终登顶了其研究事业的巅峰。

试想一下，茶碗在碟子里滑动这样一个极为普通的现象，在生活中成为过你关注的对象吗？在工作中，又有多少值得修进、隐含突破的细节亟待你的发现呢？在工作中把握细节，往往会激发出巨大的创造潜能，从而取得成功。在工作中，如果你能以敏锐的洞察力善于把握细节中机会，那么你职场的突破将为时不远。

许多职场中的成功人士，大多都是凭借着踏实面对工作中的细小工作，不忽视小事的态度，赢得了一个又一个的成功，最终赢得了职场的突破。熟识阿基勃特的人都知道，他便是其中一个典范。阿基勃特年轻的时候，只是美国标准石油公司的一个小职员。但他并不甘于如此，他觉得自己总会有出人头地的一天。他所要做的就是把自己的工作完成得非常出色，从细节中获得突破。为了宣传自己的标准石油，他总是采取各种办法。他不在乎人微言轻，只要出差在外住旅馆，总是在自己签名的下面，写上“每桶 4 美元的标准石油”的字样，在书信和收据上也从不例外。只要有他的签名，就一定写上那几个字。因此，他被同事们戏称“每桶 4 美元”，久而久之，他的真名反而没有人叫了。受到同事及他人的嘲笑，但阿基勃特仍然不改这个习惯。因为他觉得这样一个细节，必将对标准石油的宣传起到日积月累的效果，也将对自己的职业人生产生潜移默化的影响。

后来，细节果真产生了变革的效果。当公司董事长洛克菲勒得知了这个情况后，很有感慨地说：“竟有如此努力地宣扬公司声誉的职员，我一定要见见他。”于是，邀请阿基勃特共进了晚餐。阿基勃特凭借自己踏实的工作态度，赢来了与董事长交流的机会。在以后的工作中也逐渐被重用。在洛克菲勒卸任之后，阿基勃特也顺理成章地成为美国标准石油公司的第二任董事长，成功登顶职业人生的高峰。

所以，千万不要忽视细节，从细节发现契机的能力是细节能力。千万不要忽视简单的小事，任何简单的事情都可能助你成功获得职场的突破。**海尔总裁张瑞敏就曾经说过：“把简单的事做好就是不简单。”所以，对于工作中的细节，你一定要用慎之又慎的态度来把握。**

忽视了细节，则可能对你的工作产生“失之毫厘，谬以千里”的影响。有一位病人的心脏移植手术做得出乎意料地顺利，病人的复原情况也极好。然而，忽然间这个病人却死掉了。验尸报告指出，病人腿部有一处微伤，伤口感染了肺，导致整个肺丧失机能。细节往往就是在你不经意间产生了重大影响。令千里马失足的往往不是崇山峻岭，而是柔软青草结成的环；在通往成功的路途中，真正的障碍，有时只是你对一点点细节的疏忽与轻视。

总而言之，工作中永远要提防那些微不足道的细节，简单的事情，基本的道理，不要等到付出了惨痛的代价才能了解。时刻把握细节，你才能把握事业突破的契机。

亨利是一家汽车生产企业的技术工人。有一天，亨利的父亲质问亨利：“你工作已经五年了，总是做些焊接、刷漆、制造零件的小事，恐怕会耽误前途吧？”“爸爸，你不明白。”亨利笑着说，“我并不急于当某一部门的小工头。我以整个工厂为工作的目标，所以必须花点时间熟识工作的细节。我是把现有的时间做最有价值的利用，我要学的不仅仅是一个汽车轮胎如何做，而是通过所有细节的串联把握整辆汽车是如何制造的。”通过对工作中细节的把握，亨利果真一步步赢得了职场的突破。他首先在装配线上崭露头角。亨利在其他部门干过，懂得各种零件的制造情形，也能分辨零件的优劣，这为他的装配工作增加了不少便利，没有多久他就成了装配线上的灵魂人物。很快他就升为领班，并逐步成为 15 位领班的总领班，一步步朝着自己的职场目标迈进——让整个工厂成为他工作的目标。

重视细节，认认真真把一件件小事做到极致，才能一步一步向着自己的职场目标靠近。把握自己，于细微之处发现不寻常，才能获得职场的突破，开启了成功的闸门。职场上，常有人在这样的抱怨：“老是让我做这么无聊低级的事情，真没劲！”“老是这样在底层做啊做，什么时候才是出头之日。”但他们却往往没能看到，这些看似平凡简单的工作岗位，常常隐含着许多你职场突破的细节。把握住了他们，你也就把握住了职场的先机。

不要把工作拖到明天

对于工作，我们需要有一个积极的心态。能今天完成的事情绝不拖到明天做。如果医生把今天要做的手术推到明天做，也许病人的生命就耽误了；销售把今天的报价推到明天交，对方可能就拒绝接受了；厨师把今天的晚饭推到明天做，大家肯定饿肚子；领导把今天的会议推到明天开，也许就失去时效、失去意义了。

做事拖拖拉拉，给人以心不在焉和摆架子的印象，也给人以自我为中心、不关注大局的印象，还可能让人以为故意搞破坏。无论哪一种误解产生，都是不应该的。

美国著名投资家坦普尔顿说："我想不出比'今日事今日毕'更好的工作方法。它是一种艰苦的方法，需要用毅力去支持，但也是最好的方法。"

2004年4月5日，《商业周刊》登出的50家标准普尔表现最佳公司中，埃克森·美孚排名第 23 位，并在《财富》评出的全球 500 强企业中排名第二。在这家公司领导的办公室里几乎都悬挂着一个显眼的数字电子白板，上面一直显示着一段话："绝不拖延！如果我拖延下去，我将会怎么样？如果将工作拖到以后再去做，那么会发生什么？"，"绝不拖延"是这家公司员工的重要行为准则之一。该公司总裁解释说："绝不拖延，我们就可以轻松愉快地生活和娱乐。避免拖延的唯一方法就是随时开始行动，而随时开始行动，必须首先认识到自己工作的重要性。另外，必须记住的是，没有什么人会为我们承担拖延的损失，拖延的后果只有我们自己承担。如此一来，我们就可能在一个庞大的公司里，创造出每一名员工都不拖延哪怕半秒钟时间的奇迹。"

正是因为做到了"今日事，今日毕"，绝不拖延，埃克森.美孚公司才做成了今日的成就。然而，拖延是许多人常犯的毛病，他们对未来有很好的目标和工作计划，甚至有了实施的方案，但就是拖延着不去动手，他们把行动的日子放在明天或放在未来的某个日子，却放任一个又一个今天从眼皮底下溜过去；他们宁愿憧憬着梦里盛开的玫瑰，却不抓住今天立即着手播种。

"今日事今日毕，不把任务拖到明天这句话"，我们自小就耳熟能详，但很多人仍然做不到，常常"该做"的事，却因"懒得做"，而一直拖延下去，"拖延"是时间管理的大敌，小事一拖就成了严重的负担。小事都会拖延，自然也成就不了大事。

时间管理领域有一条 " 帕金森定律 "，根据这个定律，人始终是根据任务的时间期限来调整工作速度的。这也就是说，如果一个人知道自己有一个月的时间来完成一项任务，他就一定会不知不觉地放慢工作速度，把整个月的时间都用在这项任务上；而如果他要完成同样的任务只有一周时间，他就会调整自己的工作速度和工作状态，以此保证自己在一周内交出令人满意的成绩。

虽然人们总是倾向于拖延，但并不是说这种拖延时间的习惯是无法更改的。首先，我们需要给自己制定时间限制，以防止自己拖延。如果不加限制，很多事情可能一辈子都完成不了。因此，在做任何工作时，请一定要限制时间，在合理的时间内完成任务，绝不把任务往后拖延。

在制定时间限制时，要预留弹性空间，一份切实有效的计划应该只包括那些你想做而且确实能够做完的事。大家肯定知道“多米诺效应”吧？成百上千的多米诺骨牌紧密地排成一列，只要有任何一块不慎倒下，就会导致其后的所有骨牌发生连锁效应，一块接一块地相应倒下。同样，如果你把一天的日程安排得太满，每件事情之间都没有足够的弹性空间，那它们就会变得像一列密密麻麻的多米诺骨牌一样危险。一旦出现任何突发事件，其后的所有安排就会一件接一件地受到牵连，你的一天也就会随之变得一团糟。而且，我们从以往的工作经验中也不难发现，突发事件的出现概率是非常高的。

为了在你制定的时间期限内完成任务，培养你“今日事今日毕”的习惯，你还可以尝试一下下述方法：

1. 列出你立即可做的事。从最简单、用很少的时间就可完成的事开始。

2. 持续 5 分钟的热度。要求自己针对已经拖延的事项不间断地做 5 分钟，把闹钟设定每 5 分钟响一次，然后着手利用这 5 分钟，时间到时，停下来休息一下，这时可以做个深呼吸，喝口咖啡，之后欣赏一下自己这 5 分钟的成绩。接下来重复这个过程，直到你不需要闹钟为止。

3. 运用切香肠的技巧。所谓切香肠的技巧，就是不要一次吃完整条香肠，最好是把它切成小片，小口小口地慢慢品尝。同样的道理也可以适用在你的工作上：先把工作分成几个小部分，分别详列在纸上，然后把每一部分再细分为几个步骤，使得每一个步骤都可在一个工作日之内完成。每次开始一个新的步骤时，不到完成，绝不离开工作区域。如果一定要中断的话，最好是在工作告一个段落时，使得工作容易衔接。不论你是完成一个步骤，或暂时中断工作，记住要对已完成的工作给自己一些奖励。

4. 把工作的情况告诉别人。让关心这份工作的人知道你的进度和预定完成的期限。注意“预定”这个词汇，你要避免用类似“打算”、“希望”或“应该”等字眼来说明你的进度。因为这些字眼表示，就算你失败了，也不要别人为你沮丧。告诉别人的同时，除了会让你更能感受到期限的压力外，还能让你有听听别人看法的机会。

5. 在行事历上记下所有的工作日期。把开始日、预定完成日期，还有其间各阶段的完成期限记下来。不要忘了切香肠的原则：分成小步骤来完成。一方面能减轻压力，另一方面还能保留推动你前进的适当压力。

6. 保持清醒。你以为闲着没事会很轻松吗？其实，这是相当累人的一种折磨。不论他们每天多么努力地决定重新开始，也不管他们用多少方法来逃避责任，该做的事，还是得做，压力不会无故消失。事实上，随着完成期限的迫近，压力反而与日俱增。所以，你千万不要拖拉，把今天的事留给明天去做，那样只会让你有更大的压力。

再忙也要检查自己

在现代人快节奏的生活中，每天都是忙忙碌碌的，但不论生活或者工作有多忙，当一天结束时，你应该花点时间回味今天所做的事情。在这种回味和思考中，你可以收获很多，它的作用不亚于制定你的人生规划。

当一天结束时，第一件事就是查看计划表。如果你确定要做的事都已经完成了，这样，你就绝不会因为“忘记”而没有完成任务。福布斯二世一直在他的书桌上放着一张记录重要事项的纸，这是他个人管理系统的中心：“每当我觉得进退两难时，我就会看看这张纸，确定使我动弹不得的事是否真的值得让我为难。”如此一来，能够及时发现自己今天没有完成的任务，你就可以确信你的重要事情不会被遗漏。

玛丽·凯·阿什曾在创办玫琳凯化妆品公司初期听到的一则有关查尔斯·施瓦布（美国一家数一数二的钢铁公司总裁）的故事。一名企管顾问艾・维・李对施瓦布说："我可以教你如何提高公司的效率。"

施瓦布问："费用是多少？"李说："如果无效的话，免费；但如果有效，希望你能拨出公司因此省下的费用的1%给我。"施瓦布同意说："这很公平。"

接着施瓦布问李要怎么做，李说："我需要与每一位高级主管面对面谈10分钟。"施瓦布答应了。李开始与所有高级主管会面，他告诉每一位主管："在下班离开办公室前，请写下6件你今天尚未完成，但明天一定得做的事。"

主管们都同意这个主意，并在开始实行这个计划后，他们发现自己比以前更专心了，因为有了这张表，他们会努力完成表上的事情。不久之后，公司的生产力有了显著的改善，几个月后，因为效果惊人，施瓦布开了张35000美元的支票给李。

玛丽・凯说："当我听到这个故事后心想，如果这个方法对施瓦布而言值35000美元，对我也会有同样的价值。"因此，她开始在每天下班前写下6件明天要做的重要事情，而且也鼓励业务员这么做。今天的玛丽・凯化妆品公司拥有二十多万业务员，印制了上百万份的粉红色小便条本，每一张便条纸上写的都是"我明天必须做的6件重要事项"。

每天结束时，回味今天所做的事情不仅能让你定期检查你是否遗漏了重要事情，还能让你在回顾中思考。而只有思考才能让你不断修正错误，不断进步。

世界电器之王松下幸之助，是日本松下电器公司的创始人，一位传奇式的人物。日本人则把他称为"日本电子之父"、"日本经营之神"

等等。他的企业从一个 5 人的小作坊起步，经历了半个世纪的拼搏，发展成为拥有职工 5 万人的跨国集团。在几次大的经济危机冲击下，许多企业倒闭，他却稳稳地站住了脚跟。松下电器的不断进步，与松下幸之助善于思考，不断学习、改革，不断追求进步是分不开的。

松下幸之助有一个习惯，那就是每天睡觉前，不管多累，他都要坚持回顾今天所做的事情，思考自己的做事方式，总结自己今天所做的事情，从中学习。正是这个习惯才让这个只有 5 个人的小作坊发展成跨国大企业。

刚创业时，松下幸之助的全部积蓄，加上刚领到的退职金，也才只有 100 万日元。他的两位老同事森田延次郎和林伊三郎是他的支持者，加上他的妻子和内弟井植岁男，一共只有 5 个人。工厂办起来了，生产幸之助设想中的改良电灯灯头。

当他们历尽千辛万苦，生产出一部分样品之后，却又推销不出去。出师不利，两位伙伴都自谋生路去了。幸之助夫妇和内弟 3 个人仍苦苦地支撑着。那段时间真是异常艰难，幸之助共十几次将他夫人的衣服、首饰等物品送进当铺抵押借钱。但是幸之助并没有放弃思考，他不断地检查自己的做事方式，思考改革方案，他紧紧抓住“研制新产品，开拓新市场”这一环。幸之助是个善于发明、善于改进的人，他以电灯为中心，不断地发明出一些与此有关的新产品。最终，松下幸之助生产的产品得到了市场的认可，他终于一步步地走向了成功。

1968 年，恰逢松下电器公司成立 50 周年，在这个具有纪念意义的一年里，公司的销售额为 4671 亿日元，银行存款超过了 1800 亿日元。算起来，每天平均获纯利 1 亿日元，松下电器公司一跃而成日本电器制造业的霸主，松下幸之助大获成功。

松下幸之助的成功也告诉我们，**成功依靠的不是蛮干，需要的是科学的思考。**因此，当一天结束时，不妨在你进入梦乡之前，深入回味一下你今天所做的事情。

很多人一看到马上就要下班了，不自觉松懈下来，甚至开始收拾东西，让人看着有种坐不住的感觉，这剩下的 10 分钟，不亚于是一种煎熬，但是如果你想做一个出众的人，不妨在下班前 10 分钟，稳定自己的心情，把自己一天的工作再做一遍仔细的梳理，为自己的一天画下一个完美的句号。这样的习惯，一定会为你以后的成功做很好的铺垫。

第六章

这十年，你要多留点“心眼儿”

与人为善少树敌

与人为善少树敌，是你在社交中获得他人青睐的一招。因为与人为善的人，常常能像磁铁一样将别人吸引住，并与他们形成良好的交际关系。更有甚者，可以让周围人心甘情愿地为其提供帮助。如果你以善心善意对待周围之人，便能顺利从周围捕获人脉；反之，如果你以锱铢必较、疑虑重重之心对待他们，则很可能处处树敌，处处遭阻。是否能够做到与人为善，对我们每个人的人生命运或将产生截然不同的影响。

在人际交往中，永远把微笑挂在脸上，永远不说别人坏话，永远不发脾气，永远记得多赞美他人，永远怀着一颗善心对待这个世界……这些都是你与人为善的方式。

当然，与人为善不仅要求你要用善意和善心与人相处，更要求你要怀着善良之心多帮助他人。《孟子·公孙丑上》就曾说过：“取诸人以为善，是与人为善者也。故君子莫大乎与人为善。”如此看来，爱自己的人，最好的方法就是去爱别人，多多地帮助别人。

在波兰与乌克兰边境上的扎布罗夫村里，住着一个叫安托希•苏钦斯基的农民。他从小便对所有有生命的万物都敬之惜之，连一只苍蝇都不忍心打死，全村子的人都嘲笑他。但就是这样一个“傻子”，却拯救了邻居的四条人命。

1941年，纳粹军队开始攻打这个村子，他们把村子里的犹太人一车车运到灭绝人性的集中营去。“傻子”苏钦斯基这时再也不能袖手旁观了，他决定用自己的努力帮助身边的犹太人。于是，苏钦斯基仅凭两只手，在自己的农舍下面掘了个地洞，在地洞里把邻居蔡格夫妇和他们的两个儿子掩藏了两年。有一次，苏钦斯基听说纳粹分子将要带受过寻人训练的狗到农庄搜查，他便整夜不睡，把厕所的粪便铺在地上，又撒上胡椒，使狗嗅不出人的气息。德国人确实来了，但他们没有找到蔡格一家。1944年，蔡格一家终于躲过了纳粹军队的搜捕，在苏钦斯基的帮助下，成功移民到了美国。

与人善良、帮助他人的苏钦斯基并没有被遗忘。此后几年，蔡格家经常寄食物及衣服给苏钦斯基。不识字的苏钦斯基为了表示感谢，便画了一朵花请邻居寄给蔡格家。但到了20世纪50年代末，蔡格家却和苏钦斯基失去了联系。直到1987年初，已成为新泽西成功商人的蔡格的儿子雪莱，才通过各种方法找到了苏钦斯基。44年后，帮助他人的苏钦斯基与被帮助的蔡格一家人，终于在扎布罗夫村相聚了。这一次，对这位“傻子”表达了无限赞许的人，不仅仅是蔡格一家人，还有扎布罗夫村的所有村民。他们由镇长领路，驱车前往他们当年仅靠甜菜和一点点面包活了两年的那个地洞。村民们齐声欢呼，场面热闹非凡。后来，雪莱•蔡格告诉我们：“从他们脸上的表情可以看出，安托希•苏钦斯基——这个傻瓜，村里的白痴，现在已是公认的英雄人物了。因为大家都知道，苏钦斯基真的是一个善良的人。”

与人为善，帮助他人，你将真正获得周围人的青睐和尊敬，这便是雪莱通过这个他亲身经历的故事，想向我们传达的人生真谛。

帮助他人，在危难之时伸出援手，这才是与人为善的最深含义。与人为善者，一方面会收到他人真诚的回报，另一方面还将使你收获内心的喜悦和满足，这种心态在社交中也至关重要。这种方式，因其不计眼前的利益得失，因为毫无保留的帮助，而更容易获得他人发自内心的赞许和感动。所以，请一定记住，帮助他人是社交中与人为善的题中之意。它能够为你带来更丰富、更持久的社交回报。

如果你想成为一位别人眼中与人为善之人，做一个善意、善良的社交达人，就一定要摆脱以自我为中心，只关心自己的思维模式。因为这种思维模式，将直接影响你的社交方式。其实，社交是一种对外的活动，所以你千万不能以自我为中心。在这一过程中，如果你以自我为中心，便往往容易忽视他人感受、误解他人意思，更谈不上为他人着想、真心帮助他人，而这些，正是与人为善的基础。

著名的心理学家卡尔·罗吉斯曾经在他的畅销书《如何做人》中提醒过我们，让我们一起来看看这段摘录：“当我尝试去了解别人的时候，我发现这真是太有价值了。我这样说，你或许会觉得奇怪。我们真的有必要这样做吗？我认为这是必要的。在我们听别人说话的时候，大部分的反应是评估或判断，而不是试着了解这些话，在别人述说某种感觉、态度和信念的时候，我们几乎立刻倾向于判定‘说得不错’或‘真是好笑’‘这不正常吗’‘这不合情理’‘这不正确’‘这不太好’。

我们很少让自己确实地去了解这些话对其他人具有什么样的意义。”卡尔教授认为，正是这种“以自我为中心”的思维模式，让我们在相处过程中平添了许多障碍和矛盾，也平添了许多敌人，一步步同“与人为善”越行越远。

因此，从此刻起，请一定摆脱这种“以自我为中心”的社交观念，做一个“为他人着想”而与人为善的社交达人。西方曾有一句民谚说得好：“我们不是没有好的机会，我们是没有好的观念。”成功学的创始人拿破仑·希尔博士也曾经说过：“世界上一切的财富和一切的成功都始于一个人观念的转变。”观念不变，人不会变，观念变了人便会跟着变。所以，如果你想成为一位与人为善之人，你一定要改变你原有的狭隘的社交观念。

总而言之，与人为善少树敌，是社交中的一个重要砝码。**存善心，你便会用善意的眼光看待这个世界；行善事，你便会乐于帮助他人而不计得失。**其实，所谓的宽恕、赞美、感恩和帮助他人，全都是针对他人的，但到头来受益的却是自己。这种少树敌多交友的方式，年轻的你一定要牢记于心。

适当从众，更有人缘

人是一种社会性的动物，在社会的交往中就难免会受到“从众效应”的影响。所以，无论在生活还是在职场中，我们都会自觉不自觉地以多数人的意见为准则，进而作出判断、形成印象化的心理。心理学家认为：当一个人在一种真实的或臆想的群体压力环境下，认知通常会以多数人的行为准则为标准，进而在行为上表现出努力与之趋向一致的现象。这便是“从众效应”的内涵。

虽然我们都知道，过度从众会给你做出正确判断带来极大障碍，甚至迷失自我而陷入芸芸众生的大流之中，无法把握住发展的制胜先机。

所以，在人生道路上，减少盲从行为，运用自己的常识和经验进行理智的判断，并坚持自己的选择而不因为从众而动摇，将成为你成败的关键。从这个角度上讲，我们似乎不应该从众，因为我们必须努力摆脱“从众效应”的障碍。

但其实，这一问题应当分而看待。在人生发展的规划上，你确实应当拥有自己的想法，不要人云亦云地从众。但在一些小事上，诸如聚餐等问题，你可以选择适当从众。

心理学家认为："凑热闹和随波逐流是人性的弱点。"正是这种心理，使许多人都倾向于同与自己相似或相像之人交往。这样一来，你在众人中往往更加会显得更加合群、更有人缘。试想一下，如果你处处挑刺，对大家的建议和说法也时时发表相反言论，做事情时更是特立独行，能获得大家的欣赏么？

与众不同也许会彰显你的个性，但适度从众才是取得成功扩展人脉的重要能力，这会让你给别人一种友善的感觉，谁会对友善的人排斥呢？

人人害怕被拒绝，这是人的天性。当你看起来"安全"时候，你就减小了别人的恐惧感，使自己很受欢迎。比如，当你在宴会上一个人站着，不和别人进行密切交谈时，通常接近你的风险就会比较小——因为接近你的阻碍很少。甚至当你与别人交谈的时候，如果你采用一种开放的姿态，给别人留出加入的余地，接近你的风险也会显得比较小。

你显得与别人相似，即不高人一等或与众不同时，接近你的风险就会比较小。当你看起来和别人差不多时，别人会更加确定自己会从你那里得到什么，也更加确定你会理解他，和他有共同点。如果恃才傲物，语言凌厉，对某方面不如己者，要么不屑一顾，要么恶语相向；更有甚者，以己之长，量人之短，以己之聪明，衬人之笨拙。或者虽不着力地显露自己，却对别人的所作所为和喜欢爱好漠然置之，不屑谈交际对象关心的话题。这都不是有亲和力的表现，如此待人接物，人们便会对你避而远之，使你虽处于人群之中，却感孤立无援。

尽管如此，显得“安全”不是放弃自我意识，不是让自己的自我意识屈服于别人。相反，这只是在适应别人，适应环境。如果你适应周围的社会环境——无论是一个乡村舞会还是一个正式的晚会，你都会使自己更加容易接近。你通过穿着打扮来体现自己与别人的相同点，当然你的说话方式、你对别人回应也体现你与别人差不多。

这很简单，你只需要对别的客人的话题感兴趣，对音乐或者食物表示赞赏——而不是把焦点集中在自己特质上或者让自己表现得与众不同就行。让我们看一个例子：

劳伦是位来自洛杉矶、经验丰富的女商人。她有着时髦的行头，讲究品味。劳伦因为想放慢生活节奏，得到更多的归属感，而搬到西南部的一个小城镇。

尽管她喜欢这个城市和那里的居民，但是她感到她不受欢迎。最终，她的同事给她指出，她的穿着和交谈方式让当地人觉得她在装腔作势，高人一等。

从那以后，劳伦特意穿得很随意，与人谈论当地的事情，多参加社交活动，试着让自己更加容易接近。虽然一开始她很不舒服，不习惯穿卡其布，不习惯谈论经营牧场，但是她发现，她与新邻居和同事更加容易交流了。

让我们记住歌德的话吧：“不管努力的目标是什么，不管他干什么，他单枪匹马总是没有力量的。合群永远是一切善良思想的人的最高需要。”

适应当地的环境的行为是正确的——这种行为不仅让别人感到自在，也让别人感到与你相处很舒服。这样做是告诉别人：你喜欢他们，你对他们没有威胁感。

所以，我们在这里所说的“适度从众”，主要是让你提升自己的亲和力和人缘，让大家更愿意和你来往，而不是让你放弃自己的原则，一味人云亦云随大流。因为对于人生的发展和职场的规划，你还是自己把握得好。

不要在别人的面前卖弄

关于这个话题，我们先从卖弄的害处谈起。**法国哲学家罗西法古曾经说过：“如果你要得到仇人，就表现得比你的朋友优越；如果你要得到朋友，就要让你的朋友表现得比你优越。”**恃才傲物、卖弄自我，绝对是你社交博弈中的大忌。有些人常常会自以为是，自认为自己是最好的、最完美的，不仅如此，他们还喜欢将这些向他人卖弄。其实，没有人喜欢卖弄的人如果你自恃所长而骄傲卖弄，那只能在处世博弈中屡战屡败。

20 世纪美国著名小说家和剧作家布思·塔金顿，在文学界中有着很高的造诣。他凭借着《伟大的安伯森斯》和《爱丽丝·亚当斯》两度获得了普利策奖。这位伟大的小说家，曾经给我们讲过他“卖弄”招致“羞辱”的故事：

在布思·塔金顿声名最鼎盛时期，有一次，红十字会举办了一个艺术家作品展览会，布思·塔金顿作为特邀贵宾参加了。

其间，有两个可爱的小女孩来到他面前，向他索要签名，显得非常的虔诚。布思·塔金顿问："我没带自来水笔，用铅笔可以吗？"

布思·塔金顿知道这两个小女孩一定不会回绝，他只是想表现一下一个著名作家谦和地对待普通读者的大家风范。

"当然可以。"小女孩们果然爽快地答应了，他看得出她们很兴奋，当然她们的兴奋也使他备感欣慰。

这时，其中一个小女孩恭恭敬敬地把签名本递给了布思·塔金顿，他拿出笔，思考了一下，在上面写下来几句关心小孩们成长的话，并签上他的名字。

女孩看过他的签名后，眉头皱了起来，她仔细看了看他，问道："你不是罗伯特·查波斯啊？"

"不是，"他非常自负地告诉她，"我是布思·塔金顿，《爱丽丝·亚当斯》的作者，两次普利策奖获得者。"

之后，布思·塔金顿又讲了一段类似于此的自我介绍，并多次卖弄自己的文学才华和大家作风。但此时，这位小女孩好像颇不以为然，她将头转向另外一个女孩，耸耸肩说道："玛丽，把你的橡皮借给我用用。"

那一刻，他所有的自负和骄傲瞬间都化为了泡影，真想有个缝让自己钻进去。演讲的最后，布思·塔金顿告诉每一位听众，那个时候，他才明白卖弄的人是怎样招致别人的厌恶。

想一想，就连涉世未深的小孩子，对卖弄之人尚且如此排斥，更何况是那些跟你有着同样心态的成人呢？在工作中得到嘉奖或成功时，你踌躇满志，这固然是好。但得意张狂却往往潜存着卖弄的嫌疑，也潜藏着失人心、招嫉恨的危险。所以，千万不要沉浸在一时得意的卖弄中而不能自拔，从而对自己的人际网络造成危害。

其实，卖弄可以细分为三种不同的心理根源：第一种是“有实力的自我炫耀”。因为自己有实力、有本领，就在他人面前炫耀起来；第二种是纯粹属“吹牛”性质。本人并无实力，没有什么真本领，却硬是用各种方法将自己“吹”起来。二十多岁的你往往还没有根基，为人也较为收敛，也不至于得意忘形，所以这两种情况往往不会发生。我们应当警惕的是第三种情况——“无意识”的卖弄。

埃利的经历就可以给我们很多启示。现在的埃利，已经是英国伦敦市中区人事局最得人缘的工作顾问了，但在过去，她却在职场中遇到了重重麻烦。当埃利刚刚从大学校门踏入人事局的半年之中，她在众多的同事之中居然连一个朋友都没有。为什么呢？因为她每一件事都做得十分完美，每天都使劲说她在工作介绍方面的成绩、新引进的工作机会。在同事们的眼中，她真的“无可挑剔”，什么缺点都没有，也就自然“敬而远之”了。埃利的卖弄，几乎把所有的同事都从她身边驱赶走了。

起先，埃利并没有意识到问题的发生，她仍然自顾自得。但后来，埃利渐渐感觉到了同事的疏远所带来的职场困境。她常对她朋友抱怨道：“我工作做得很好，而且深以为傲。但是我的同事不但不分享我的成就，而且还极不高兴。我渴望这些人能够喜欢我，我真的很希望和他们成为朋友，可怎么会落得这个下场？”

后来，埃利的朋友给她支了一个招，让她停止在同事面前“卖弄”自己的成就，甚至还可以适时暴露自己的一些缺点来“取悦”同事。自此之后，埃利开始有意无意地露出自己的缺点，凡事也不再做得过分尽善尽美。

而且，当大家有时间在一起闲聊的时候，埃利也不再说自己的得意之处，而是分享其他同事的成绩，只在他们问她的时候才说一下自己的成就。渐渐地，身边的同事开始再次接纳埃利，她也逐渐成为了英国伦敦市中区人事局最有人缘的职员。

对于年轻的我们来说，社交中，请一定警惕“无意识”的卖弄，它是很多年轻人最容易犯的错误之一。即便你很出色，也不要处处表现出自己的过人之处。

任何时候，当你想要出现卖弄倾向时，请记住《礼记》中的一句话：傲不可长，欲不可从。请记住：君子不会卖弄，诚实之人不会卖弄，有修养之人不会卖弄。初涉社会、根基未稳的人，如果太过卖弄自己，就很可能成为许多人的眼中钉肉中刺甚至欲除之而后快。所以，为了你的长远发展，切记成为众人“欣羡”的嫉妒对象。

多向公司的前辈取经

每一个年轻人初入职场，都会遇到公司中的前辈。这些，往往经验丰富，深谙职场发展之道，而且已经具备了熟练的本职技能，即所谓的“实战力”。这样的前辈，或多或少都有一些倚老卖老的想法。这也常常让许多职场新人头痛不已。

那么，作为职场新人的我们，应该如何面对公司的前辈，顺利度过职场的蛰伏期呢？一般而言，那些倚老卖老的职场前辈，往往不仅仅是待的时间长那么简单。他们在组织里通常是年资够久、经验丰富，除非是过度吹嘘自己，通常手中都握有筹码，才敢如此倚老卖老，比如在实务上都具备一定的经验与能力，或是在公司的关系网中非常吃得开。

许多刚进入职场的年轻人，往往很害怕职场的前辈事事指导，担心无法好好施展自己的能力，总是被前辈牵制。其实，这种担忧大可不必，初入职场的你，倚老卖老的前辈们无疑是你职场学习的金矿。多多向他们取经，一来可以掌握许多职场发展的经验和所在公司的潜规则，避免许多弯路；二来还可以满足前辈的心理需求，为你的职场发展奠定良好的人脉基础。何乐而不为？

雪莉便是这样一个理智的职场新人。初入公司之时，雪莉便发现办公室有一位前辈，平时干活不多，但却喜欢对新人们指指点点，这让许多和雪莉同期进来的同事都感到十分头痛。渐渐地，大家对这位前辈敬而远之，没有人愿意跟她搭话，但雪莉却不这样认为，她觉得：这位前辈虽然干活不多，但却一直能在办公室中立足，说明她一定根基深厚，说不定还能“上达天听”，为自己提供一些机会。于是，雪莉抽空就多聆听前辈的见解，从她的话中学习值得借鉴的经验。雪莉的谦虚和尊重，让这位资历丰富的前辈备受感动，她认为雪莉聪明有上进心，便时时关照并提携雪莉。一些在前辈看来举手之劳的事情，如在总结时多表扬雪莉，出席对外活动时多带她见见场面，却在职场初期帮了雪莉一个大忙。这使她在办公室中很快地崭露头角，并获得了别人欣羡的晋升机会。

在中国的职场中，尤其讲究职场伦理与年资，倚老卖老的情形屡见不鲜。多向这些前辈请教,无疑是你一个非常好的选择。你可以先观察这位前辈、借以了解组织生态；此外，不要反驳他的看法，以免因为得罪意见领袖，而间接坏了与其他同事的关系；并应该运用他喜欢指导新人的心态，在最短时间内熟悉业务内容与流程。**只要乐于请教、善于请教，你便能很快成为前辈眼里的可造之材，获得更多提携的机会。**

反之，如果你在职场中处处示强，而忽视这些前辈的存在，便可能成为初涉职场的“滑铁卢”。职场中，由于锋芒毕露而得罪前辈、屡屡挫败不得志的例子比比皆是。这些人往往自视颇高、锐气旺盛，十分的才能与聪慧却想表现出十二分来。他们处事不留余地，待人咄咄逼人。这样做的结果，是没给自己留一点退路和余地，把自己暴露在弹火纷飞的壕沟外，成为了以前辈为首的反对阵营的标靶，容易招致明攻和暗算。想一想，你可曾有过下面这些人的经历？

有一人毕业后分配到某事业单位工作。按理说这应该是一份十分优厚的工作，但他刚到单位时就对这也看不惯，那也看不顺，尤其对那些倚老卖老的职场前辈更是看不过眼，想凭着自己的能力致力于单位的创新整改。没到一个月，他就给单位领导上了洋洋万言的意见书，上至单位领导的工作作风与方法，下至单位职工的福利，还有关于前辈阻碍单位创新进步的对策，都提出了周详的改进意见。结果怎么样呢？他被部门中的前辈排挤，同事们也不敢跟他接近，还被单位掌握实权的领导视为“自大狂”乃至“神经病”，不仅没有采纳他的意见，还找理由将他辞退了。两年之内，他换了四个单位，而且是一个比一个更不如意，他觉得自己怀才不遇，满腹牢骚，但就是搞不清楚为什么。

又有一个人，大学毕业后被分到一家研究所，从事标准化文献的分类编目工作。他认为自己是学这个专业的，自以为比原来那些在里面干了很多年的同事懂得多。刚上班时，前辈们摆出一副“请提意见”的虚心姿态，这种气度让他受宠若惊，觉得自己的才能受到前辈们的赏识。没有几天他便提了不少意见，前辈们纷纷点头称是，群众也不反驳，可结果呢？不但没有一点儿改变，他反倒成了一个处处惹人嫌的主儿。他空怀壮志，但一年中办公室的领导没给他安排任何具体工作。后来，一位同情他的人悄悄对他说："我当初也同你一样，你还是换个单位吧，在这儿你别想出息，你把所有的人都得罪了。"一段时间后，他调走了。临走时，一位比他资历丰富的前辈拍着他的肩头说："太可惜了！我真不想让你走，我还准备培养你当我的接班人啊！"这位朋友至今玩不透"太可惜"三个字的意思是什么，也搞不懂为什么他满腔热情、满腹经纶却会处处惹人嫌呢？

这两位都是锋芒毕露者的典型，他们往往忽视了尊重办公室中的前辈，前者自以为是处处挑刺，后者则自以为备受赏识处处惹嫌。最后遭到前辈们的排挤，就连同事们也碍于前辈们的脸面不敢与他们接近。结果不仅妨碍了个人才能的发挥，还招来了妒忌猜疑和排挤。这又是何苦呢？

到一个新环境时，多向公司的前辈取经，一来可以掌握许多职场发展的经验和所在公司的潜规则；二来还可以满足前辈们的心理需求，获得他们的赏识、帮助和提拔。如果你忽视了这一点，把前辈当透明，那最终吃亏的只能是自己。

别在背后论人是非

中国有句古话说“谁人背后不说人，谁人背后无人说”，飞短流长、闲来无事说说别人的事情，这似乎是我们每个人的天性使然。但是，**假如你不愿意招惹麻烦，无论任何时候，任何场合，都一定记住：别在背后论人是非。**

你千万不要认为你所议论者他们本人听不到，一传十十传百，难保有一天不会发生你意想不到的情况。更进一步讲，背后论人是非，也会让你留下一种为人轻浮、不可信任的感觉。

这一点，在职场的人际交往中，尤其需要引起你的重视。职场中，许多人喜欢背后议论同事的过失或是丑事，大部分人都只是有这样一种坏习惯，并不是心地恶毒，刻意攻击别人。但他们却常常会被别人误解成为后者。正所谓“祸从口出”，喜欢背后议论人，话说多了，往往就容易遭来同事的误解，遭来嫉恨，最终往往丧失机会，甚至无法在办公室里立足。对此你一定要加以警惕。

玛丽和里克毕业后加盟同一家世界五百强公司。刚入公司时，玛丽各方面似乎都比里克强得多。玛丽乐观开朗，很有感染力，而里克却内敛寡言。但一段时间后，玛丽的前景却并不比里克好。原因玛丽由于性格开朗，是积极分子，刚开始和每个同事相处得都不错。但慢慢地，大家却不怎么理会她了。因为玛丽很喜欢发表意见，却也喜欢背后议论别人。几个月下来，几乎没有人不被她背后议论过，大家都觉得很不舒服，觉得她是一个搬弄是非的人。

相反，里克一开始因为比较木讷，与同事关系一般。但渐渐地，大家有啥事都喜欢跟里克讲,他反而变成办公室里最受欢迎的人。原来，里克的办公室里女同事比较多，她们总爱在背后说别人，也会听到别人说自己的事情，但里克却从来不在背后说别人。久而久之，大家就觉得这个同事很不错，有啥事也喜欢跟他讲。

所谓言多必失，背后议论别人难免会说错话。言者无心，听者有意。同一句话，或许你并没有恶意，但在别人听来却是充满了讥讽、充满了不屑。想要避免这一社交中的尴尬、被动情况，不在背后议论他人便是最好的解决办法。

国内一家求职网站上，就曾经公布过一个“什么职员最不受老板的喜欢”的调查结果，其中“搬弄是非者”位居榜首。而在许多人眼里，喜欢背后议论别人的人，就是那些搬弄是非的人。所以，为了你同他人有一个和睦融洽的关系，更为了避免被周围人所厌恶，切记不要在背后议论他人。

你也许会问：那我们还能在背后说起他人么？当然可以，不仅可以说，而且还要学会好好说。别在背后论人是非，其实是劝阻你不要说他人闲言闲语：不讲坏话，不讲没有根据的话，也不讲空穴来风之事。在明白这一点之后，你还要明白：在背后最应该说的，其实是别人的好话。而且这种说法，将比你当面夸人还来得更有社交效果。

《红楼梦》里有这样一段话：史湘云、薛宝钗劝贾宝玉去做官，贾宝玉大为反感，对史湘云和袭人赞美林黛玉说：“林姑娘从来没有说过这些混账话！要是她说这些混账话，我早和她生分了。”凑巧这时黛玉正来到窗外，无意中听到贾宝玉说自己的好话，“不觉又惊又喜，又悲又叹。”结果宝黛二人互诉心声，感情大增。黛玉的前后变化为何如此之大？主要原因是，在林黛玉看来，宝玉在湘云、宝钗、自己三人中只赞美自己，而且不知道自己会听到，这种好话不但是难得的，还是无意的。倘若宝玉当着黛玉的面说这番话，好猜疑、好使小性子的林黛玉恐怕还会说宝玉打趣她或想讨好她。

学会在背后说人好话，成功的道理便在于此：如果你当面说人家的好话，对方可能以为你是在奉承他，讨好他。相反，如果你的好话是在背后说的，人家会认为你是真心的。这样，他自然会领情，会感激你。在背后说一个人的好话比当面恭维说好话要好得多，你不用担心，你在背后说他的好话，很容易就会传到他的耳朵里。

德国历史上的“铁血宰相”俾斯麦正是明白了这点，通过背后的好话成功避过了许多社交中的障碍。为了拉拢一位敌视他的议员，俾斯麦曾经有计划地在别人面前说那位议员的好话。俾斯麦知道，那些人听了自己对议员说的好话后，一定会把他的话传给那位议员。后来，两人果真就成了无话不说的朋友，这位议员也成为俾斯麦在执政期间的拥护者。

无数事实可以向我们证明，赞美一个人，当面说和背后说起到的效果是很不一样的。在背后说别人的好话，更显得真诚，显得可信，远比当面恭维别人，效果要好得多。人性的弱点决定了，当一个人听到别人说自己的好话时，绝不会感到厌恶，除非对方说得太离谱了。所以，学会在背后说人好话，绝对将使你获得绝佳的社交回报。

总而言之，你一定要掌握好“别在背后论人是非”的社交要诀。这不仅意味你不应当在背后说别人的坏话，随意搬弄是非；更意味着你要善于在别人背后“不经意”地说起好话，通过社交这一个无形的传话筒，为你带来更大的收益。请记住，祸从口出，福亦从口出。是福是祸，其实皆在你的一念之间。

把利益让给对自己重要的人

古语有言“好汉不吃眼前亏”，在这种观念的指引下，许多人往往会努力地为自己争取利益，不让自己吃一丁点亏。其实，好汉不吃眼前亏是一种社交策略上的误导。真正的好汉，眼光宛如鹰眼一样锐利，胸襟如草原一般开阔，他关注的是长远的根本利益所在，而不会执着于眼前的祸福吉凶。**唯有鼠目寸光的人，才会为了眼前的一点点利益而斤斤计较。**所以，如果你想成为社交中的“好汉”，就一定要懂得：把利益让给对自己重要的人。

哈佛大学的管理课程中，曾经讨论过这样一个问题，乍一听，你可能会觉得这是一个幼稚园的问题。哈耶克教授问学生这样一个问题：“如果你有 6 个苹果，怎样用它们换来最大的回报？”同学们的答案五花八门，有的从投资学的角度分析，有的从农业产业的角度分析。但无论是哪一个答案，都无法获得哈耶克教授的赞赏。

这时候，有一名同学从另外一个角度分析了这个问题，他站起身来，告诉大家："我觉得，答案是这样的：自己吃掉 1 个，其余 5 个都送给别人。"同学们都愣了，恍然醒悟还有这样一种分析方式。

只听这位学生继续解释道："首先应该留 1 个给自己，因为你才能品尝到苹果的美味。另外 5 个苹果则拿去与人分享，利益共享必会获得他人的感激，以后他们有了苹果，同样会想到要送给你。再往后，如果他们有了梨、香蕉或者别的好东西也还是会和你一起分享。因为，大家都记住了你的好。把你当成真正的朋友。于是，你不仅得到了更多利益，还获得了机会和友情。所以我认为，只是放弃了 5 个苹果，却可以收获这么多好处，感受到人与人之间的和谐、信赖和真诚，这才是获得最大收益的最佳方式。"话音刚落地，同学们纷纷称许，这名同学自然也赢得了全场最佳答案。

把利益让给对自己重要的人，这种思想也许你也懂得，但你会切切实实将其运用到社交过程中吗？现实生活中，我们往往会遇到这样的人，他们为了眼前的蝇头小利机关算尽，他们不明白利益最大化的道理，因此往往为拿到眼前的小利而欢欣雀跃，殊不知自己在无形中丧失了获得更大利益的机会。这些人，有时并不是不懂得让利的道理，而是忽视了将其时时运用到自己的社交中。想一想，你也会这样吗？

想要克服这种问题，你需要真正懂得：把利益让给对自己重要的人，对你社交生活有着至关重要的作用。**让利，尤其给对自己重要的人让利，其实是一项回报率极高的投资。**为了得到长期的利益，你必须在开始的时候让对方尝到忘不掉的甜头。放长线钓大鱼，舍小利获大利，这才是你社交制胜的关键。

莎莉毕业后，便到了一家贸易公司任职。一开始，工作进展得还算顺利，但有一天，老板的一个电话却让她蒙了。这天一大早，老板便打电话来质问：“莎莉，你的合同是怎么签的，客户那边说我们的货不对，让我们换货呢。你过来解释解释。”听完老板的话，莎莉放下电话，赶忙找出了合同副本。不看不要紧，仔细地看了又看，莎莉终于发现了错误所在。原来的确是自己当初疏忽，造成了这次的失误。这时候，莎莉的心一下子凉了一大截，想着：“这回完蛋了，帮公司拿下这个项目不仅赚不到钱，还要赔掉几万块钱。”

于是，莎莉硬着头皮，拨通了客户的电话。她向对方的项目负责人详细解释了整个事情的过程，然后又试探性地问客户是否可以改动一下合同。但她的这个请求，被对方项目负责人委婉地拒绝了。客户那边是争取不到了，放下电话之后，莎莉郁闷得很，狠狠地自责了一番。可自责归自责，问题还是要解决，于是她又硬着头皮去跟老板商量。莎莉十分无奈地走进了老板的办公室，然后向他解释了问题所在。老板听完莎莉的解释后，脸上渐渐地阴云密布，然后又明确地对莎莉说：“亏本的生意，公司是不会做的，如果不能让客户那边改合同，就放弃这个项目。”

挨了老板一顿骂的莎莉，灰头灰脸地走出来。回到办公室，她心里琢磨着，虽然说放弃这个项目是很简单，客户那边最多也就是骂几句。可是这家客户是个有实力的大客户，如果现在放弃这个客户，那么以后是不可能再从那里拿到订单了，从长远看，这个客户丢不得。权衡再三，莎莉决定由自己掏腰包垫上公司会亏损的那两万块钱。这个风波也算这样解决了，两个月以后，这单贸易最后收尾工作完成。当天晚上的饭桌上，对方客户经理从公司工程部的员工中得知：那两万块钱是莎莉自己掏腰包时，当即拍着莎莉的肩膀说：“好，够信用，和你合作我一百个放心。以后有项目，我一定还来找你。”后来，在这家公司的“照顾”下，莎莉连续接到订单，收入是节节攀高，在公司也得到了重用。

你会像莎莉一样，在面对对你重要的人的时候，舍得让利于他吗？即使自己暂时吃点亏也甘之如饴？“天下熙熙，皆为利来；天下攘攘，皆为利往”，在熙熙攘攘中，在利来利往中，懂得舍利才是最根本的获利方式。所以，在利益割舍之时，不要斤斤计较，因为你所让的利有一天会加倍回报于你。

其实，任何人都是在不断地让利于人的“吃亏”中成熟和成长起来的，从而变得更加聪慧和睿智，也更加容易受人赞赏。在现实生活中，能够主动舍利于人的人实在太少，这不仅仅是因为人性的弱点，很难拒绝摆在面前本来就该你拿的那一份，也因为大多数人缺乏高瞻远瞩的战略眼光，不能舍眼前小利而争取长远大利。其实，但凡通权达变的成大事者，皆懂得把利益让给对自己重要的人的道理。

许多人都问李泽楷：“你从父亲身上学到了一些怎样的成功赚钱秘诀？”李泽楷说，赚钱的方法他父亲什么也没有教，只教了他一些为人的道理。李嘉诚曾经这样跟李泽楷说，他和别人合作，假如对方拿七分合理，八分也可以，那么李家拿六分就可以了，把利益让给对自己重要的人。从表面上看，“让利”的李嘉诚似乎是吃亏了，但他吃亏却可以争取到更多人与他合作。我们想想看，虽然李嘉诚只拿了六分，但现在多了一百个合作人，他现在能拿多少个六分？假如拿八分的话，一百个人会变成五个人，这才是真正的吃亏。在李嘉诚的一生中，曾经与许多人进行过或长期或短期的合作，分手的时候，他总是愿意自己少分一点钱。如果生意做得不理想，他就什么也不要了，宁愿吃亏。这种主动让利的表现，是一种风度，也是一种气量，也正是这种风度和气量，才有人乐于与他合作，生意自然也就越做越大了。

所以，真正的聪明人在社交中往往都十分“慷慨大方”，即使到手的利益也会拱手让人，似乎傻瓜一个，但我们发现这些人有一天忽然身份一变成为了令人羡慕的富人。他们把利益让给对自己重要的人，甚至自己掏腰包变相地将利益转给对自己重要的人。他们更明白“舍不得孩子套不着狼”的道理，对自己重要的人让利，必将给自己带来巨大的好处。

主动示弱是一种能力

在日常交往中，我们往往习惯于向别人展示自己的强项、长处和优越之处，总希望自己能在对方心目中留下完美的印象，总是努力去做个强者，树立自己的强势地位。**然而很多时候，适当地主动示弱或者有意示弱，会使人对你放松警惕，产生亲近感。**

曾有一位记者去拜访一位政治家，目的是获得有关他的一些负面资料。然而还来不及寒暄，这位政治家便首先对记者说:“时间还长得很，我们可以慢慢谈。”记者对政治家这种从容不迫的态度大感意外。

不多时，侍者将咖啡端上桌来，这位政治家端起咖啡喝了一口，立即大嚷道：“啊！好烫！”咖啡杯随之滚落在地。等侍者收拾好后，政治家又把香烟倒着插入嘴中，从过滤嘴处点火。这时记者赶忙提醒：“先生，你将香烟拿倒了。”政治家听到这话之后，慌忙将香烟拿正，并表示了谢意。平时趾高气扬的政治家出了一连串洋相，使记者大感意外，不知不觉中，原来的那种挑战情绪消失了，甚至对对方怀有一种亲近感。

其实，这整个的过程都是政治家有意安排的。当人们发现杰出的权威人物也有许多弱点时，过去对他抱有的畏惧和反感就会消失，而且受同情心的驱使，还会对对方产生某种程度的亲密感。

所以，在为人处世中，要使别人对你放松警惕，造成亲近之感，只要你巧妙地、不露痕迹地在他人面前暴露某些无关痛痒的缺点，出点小洋相，表明自己并不是一个高高在上、十全十美的人物，这样就会使人在与你交往时松一口气，不以你为敌，这就是故意示弱给人看。

故意示弱可以减少乃至消除他人的不满或嫉妒。事业的成功者，生活中的幸运儿，被人嫉妒是难免的，在一时还无法消除这种社会心理之前，用适当的示弱方式可以将消极作用减少到最低程度。

娜娜大学毕业后，幸运地走进一家机关工作。本就是学中文出身，再加上她平时就喜欢读书写作，这一优势在工作中也被她发挥得淋漓尽致。领导交代的任务，每一次她都能出色地完成。再加上她精力充沛，工作认真，来单位不久，她就深得领导器重。而那些时不时飞来的稿费单，更是让她风光了一阵子。

只是娜娜没想到麻烦也会因此而至。先是有些在机关工作十几年还在原地踏步走的同事开始讥讽：“娜娜，又来稿费了？挣这百八十块钱可不容易啊，我说你眼睛怎么又红了，昨晚又熬到几点？”那些年轻的同事心里也不平衡，看到娜娜拿到了荣誉证书，就去领导那里告状。什么利用上班时间在做自己的事情啦，什么上班时间用公家电话给家人打电话啦……其实，不过都是一些鸡毛蒜皮的小事。领导找她谈话，尽管语气很委婉，她心里还是有点不是滋味儿："你还年轻，有了成绩不能骄傲啊，小毛病不注意就会犯大错……"

对那些无聊的"告状"者，娜娜自然是非常恼火，复杂的办公室环境让她身心疲惫。后来她终于想明白了，可能是自己的锋芒太露了吧。于是，娜娜开始沉下心来认真观察周围的那些同事，积极从他们的身上挖掘他们的闪光点。

那个常嘲讽她点灯熬油写文章的大姐，有一个非常优秀的儿子。同她聊天时，娜娜便有意无意将话题扯到她儿子身上："听说你们家阳阳很聪明啊，将来一定要好好跟你学学如何教育孩子。在这方面，我现在还是一张白纸呢。"谈起孩子，那位大姐的话匣子就打开了，一套一套的。在一次次的交流中，她对娜娜的成见也慢慢消失了。

那位常打娜娜小报告的年轻同事，很会打扮自己。于是，娜娜就经常跟她说："看你今天穿的衣服好漂亮啊，显得你更有气质了。我就不会挑衣服，你看我的衣服都不怎么好看，有空给我传授下经验呗。"听她这么说时，那位同事倒有点不好意思了，一来二去，她们的关系也发生了微妙的变化。那位同事再也没去打娜娜的小报告了。

你们一定早已发现，现实中，幸运和成功都易招人嫉妒，这时与人生气、吵架都没有用，倒不如来个主动示弱，再加上针对同事的某些优点真诚地给予一些赞美之词，就会平衡别人的嫉妒心理，为自己赢得一个适合发展的好人缘、好环境。

不过，虽然示弱能使处境不如自己的人保持心态平衡，有利于人际交往，但也必须善于选择适宜的内容。地位高的人在地位低的人的面前不妨展示自己的奋斗过程，表明自己其实是个平凡的人。成功者在别人面前多说自己失败的经历、现实的烦恼，给人一种“成功不易”“成功者并非一举成名”的感觉。对眼下经济状况不如自己的人，可以适当诉说自己的苦衷：例如健康欠佳、子女学业不妙以及工作中的诸多困难，让对方感到家家都有一本难念的经。某些在专业上有一技之长的人，最好宣布自己对其他领域一窍不通，讲讲自己在日常生活中如何闹过笑话、遇见尴尬等，至于那些完全因客观条件或偶然机遇侥幸获得名利的人，更应该直言不讳地承认自己是天上掉馅饼，是偶尔的运气好。

此外，示弱有时还要表现在行动上。当自己在事业上已处于有利地位，获得了一定的成功时，在小的方面，即使完全有条件和别人竞争，也要尽量回避退让。也就是说，平时小名小利应淡薄些、疏远些，因为你的成功已经成了某些人嫉妒的目标，不可以再为一点微名小利惹火烧身，应当让出一部分名利给那些暂时处于弱势中的人。**示弱是收而不是放，是守而不是攻，因此它是一种无形的力量。**可以说，在为人处世中，懂得示弱是人际交往中掌握主动权的“灵丹妙药”，也是谦逊为人、低调处世的制胜法宝。

不要随意得罪任何人

俗话说，多一个朋友多一条路。反过来说，多得罪一个人就少一条路。得罪人是一种剥夺自己生存空间的行为，千万不要轻易得罪人。

当然，你也许会想，人还不至于得罪几个人就无法生存下去吧。但你要知道，世界虽然很大，但有时候也显得很小，连走路都会仇人相见，更何况身边的人？尤其是要经常碰面的人，一旦被得罪，彼此碰面的机会那么大，会让你的生活相当尴尬，而且给你带来诸多不利。比如说本来你可以和他合作获利，却因得罪他而失去机会，很是可惜。所以，**当你感到自己的利益被侵害时，得不到他人的尊重时，请不要轻易动气，也不要气焰嚣张，盛气凌人，这种态度最容易得罪人，而且常不自知。**

对于年轻人来说，如果不加注意，得罪人会很容易变成一种习惯。他们老是压不住火气，改不了个性，总会说“反正我就是这样”，这样做的后果就是“条条是路，条条不通”。

一般来说，得罪君子还好，但倘若得罪小人可没完没了。得罪一个小人，就为自己埋下了一颗不定时的炸弹。他不采取报复，也要背后对你造谣中伤，你有理也会变成无理。

小人物和小人不一样。小人物无权无势，而且还总是善于忍耐。要想让小人物发火，那你可需要很大的能量。所以，小小地得罪一两次，没有什么大问题。小人就不一样了。小人爱记仇，你给他一点甜头，他也许不知道，但是你让他受了一些委屈，他就不答应了，非要闹得天翻地覆不可，即使是一些他得罪不起的人，如果以后有了机会，他也会想起某年某日，此人曾经欺负过他，于是就在黑暗中放出一支冷箭。

不过，也千万不要认为小人物就特别好欺负，虽说小人物一般不发怒，但一旦发怒，那肯定是已经不能再忍受的事情。

因此，不可随便得罪人，即便是小人物，也得罪不得。人们普遍都好面子，对于大人物我们一般都会小心翼翼地应付，不敢有半点怠慢，而对于小人物，我们会在不经意间弄得他们很没面子。但你要明白，小人物可能帮不上你的忙，却能够坏你的事。如果你一不小心得罪了小人物，他们就可能处心积虑地对待你,甚至不把你置于死地就不甘心。小人物通常十分自卑，而越是自卑的人越在乎那点儿“自尊”。你无意中侵犯了他们，哪怕是一丁点儿，他们却认为这是对他们的极大侮辱，继而竭尽全力对你进行报复。

《大长今》中的医女阿烈就是这样的小人物。长今作为医女入宫前，阿烈的医术在内医院备受认同。长今进入内医院后，因给皇后娘娘看好了病，无意中使阿烈的地位受到挑战。后来，京城附近暴发瘟疫，皇上甚为震惊，随即派监赈御史，医官和医女等到疫区为百姓治病。当疫区的病情无法控制时，朝廷下令封锁疫区。阿烈想置长今于死地，于是想出毒计，将长今遗忘在没有药，没有食物，随时会患上传染病的疫区。

因此，不要与小人物正面冲突，以免留下后患。说不定有一天，你心目中的小人物会在某个关键时刻成为影响你前程的“大人物”。

陶忆是一家公司的管理人员。在公司遭遇退货、濒临倒闭，公司高层们急得团团转而又束手无策时，陶忆站了出来，提供了一份调查报告，找出了问题的症结。此举解决了公司的难题，还使公司赚了几百万元。

因工作出色，深受老总的重视，陶忆成为全公司的一颗明星。凭着自己的智慧和胆略，他又为公司的产品打开国内市场立下了汗马功劳。他两年内为公司赚得几千万元利润，成为公司举足轻重的风云人物。

踌躇满志的陶忆，以为销售部经理一职非自己莫属。然而，他却没有被升职。本来公司董事会要提拔他为主管销售的副总经理，但在提名时遭到人事部门的强烈反对，理由是各部门对他的负面意见太多，比如不懂人情世故、不善于和同事交往、骄傲自大……让这样一个不懂人际关系的人进入公司的决策层是不适宜的。

销售部经理一职由他人担任了，陶忆只好拱手交出自己创建并培养成熟的国内市场。这就好比自己亲手种下的果树，结的果子被别人摘走一样，陶忆非常痛苦和不解。

他不明白公司为什么会这样对待自己。自己到底错在哪里？后来，还是一个同情他的朋友破解了他的迷惑：他的问题是忽视了身边的小人物。

有一次，他出去为公司办理业务，需要一批汇款，在紧要关头却迟迟不见公司的汇票，使得业务活动“泡汤”，令他很难堪。实际上是一个出纳员给他穿了一次小鞋。因为平时他对这个出纳不冷不热，根本没有把她放在眼里。

还有一次他在外办事，需要公司派人来协助，却不料，人还在路上就被撤回去了，原来是一些资格较老的人觉得他很“狂妄”、“目中无人”，在工作上从不与他们交流，所以想尽办法拖他的后腿，让他的工作无法展开。

尽管陶忆工作业绩骄人，但他忽视了人际关系的重要性。那些他不熟悉的、不放在眼里的小人物，在关键时刻坏了他的大事，阻碍了他在公司的发展和成功。在无可奈何的情况下，陶忆只好伤心地离开了公司。

所以，第一，不要轻易得罪“小人物”。不要与他们发生正面冲突，以免留下后患。

第二，要学会与“小人物”交朋友。多一个朋友多一条路。不要用实用主义的观点去处理与“小人物”的关系，等到“有事才登三宝殿”时，就晚了。

年轻的我们一定要记住，你平时花在“小人物”身上的精力、时间都是具有长远效益和潜在优势的。在不远的一天，也许就在明天，你将得到加倍的回报。

第七章

这十年，你绝对不能浪费的东西

年轻不是浪费时间的理由

年轻，绝对不是你浪费时间的理由。在这个时候，也许我们更需要一起来回味富兰克林在《致富之路》中所收录的那句掷地有声的格言：“时间就是生命，时间就是金钱。”光阴似箭，人的一生何其短暂。有人在这有限的人生旅途中，实现了自己的价值，取得了辉煌的成就；也有人在平平庸庸度日，最终碌碌无为，终了一生。同样的时间却是两种完全不同的结果。差距在哪？往往就在于你对时间的把握。

所以，不管你现在自以为时间多么充裕，都必须树立时间观念，尊重并充分把握时间。美国社会运动者伊莱休就曾经告诫过我们：“我所取得的成就，或者我想要取得的成就，是经过或者将经过一种缓慢的、极需耐心的、持之以恒的储藏过程完成的，这有点像蚂蚁收集食物——一点点、一点点地进行。我非常希望给所有的年轻人树立一个榜样，希望他们珍惜那些看似不起眼的时间、没有价值的零碎时间。”

而真正实践了伊莱休的告诫，在尊重时间、珍惜时间方面，号称“华尔街的拿破仑”的约翰·皮尔庞特·摩根，便是一个范例。

关于工作的时间，摩根有着自己精准的概念和把握，有时甚至会因为珍惜时间而招致许多怨恨。为了节约工作沟通的时间，摩根通常会在一间很大的办公室里，与许多员工一起工作。摩根会随时指挥他手下的员工，按照他的计划去行事。如果你走进他那间大办公室，是很容易见到他的，但如果你没有重要的事情，他是绝对不会欢迎你的。当你对他说话时，一切转弯抹角的方法都会失去效力，他能够立刻判断出你的真实意图。这种卓越的判断力使摩根节省了许多宝贵的时间。有些人本来就没有什么重要事情需要接洽，只是想找个人来聊天，而耗费了工作繁忙的人许多重要的时间。摩根对这种人简直是恨之入骨。他每天上午 9 点 30 分准时进入办公室，下午 5 点回家。除了与生意上有特别关系的人商谈外，摩根与人谈话绝不超过 5 分钟。可以说，尊重、节约时间的观念，在摩根身上表现得淋漓尽致，这也被许多研究者总结为其成功的重要原因之一。

时间犹如一位公正的匠人，对于珍惜年华者和虚度光阴者的赐予有天壤之别。珍惜它的人，它会在你生命的碑石上镂刻下辉煌的业绩；而对于那些胸无大志的懦夫懒汉，却只能落得个一无收获的下场。所以我们每一个人，唯有珍惜一点一滴的时间，努力耕耘才能有所收获。否则，你便只能平淡终了一生。在这一方面，有一个关于沙子和黄金的哲理故事，很值得和大家分享。

在一望无际的沙漠里，有一天出现了一队缓缓前行的商人。这时，天空中突然传来了一个神秘的声音：“抓一把沙砾放在口袋里吧，它会成为金子。”有人听了不屑一顾，根本不信，有人将信将疑，抓了一把放在袋里。有人全信尽可能地抓了一把又一把沙砾放在大袋里，他们继续上路，没带沙砾的走得很轻松，而带了的走得很沉重。很多天过去了，他们走出了沙漠，抓了沙砾的人打开口袋欣喜地发现那些粗糙沉重的沙砾都变成了黄灿灿的金子。其实,时间就是沙漠里的那些沙子。初看，时间如沙子般普通无常。抓住沙子的人，行走很沉重并不轻松，但最后却能收获金灿灿的金子;而没有抓沙子的人，尽管走得轻松自在，结果却一无所有。

在我们事业的旅途上，懂得珍惜时间的人，往往会有艰辛的奋斗过程，却能收获丰硕的果实；而虚掷时间的人，尽管能贪得一时的轻松，结果却注定会一事无成。是否应该珍惜时间，一目了然。

的确，对于二十多岁的人来说，年轻是最大的资本，但绝非我们浪费时间的理由。有些人可能会觉得，年轻人的人生旅途刚刚起航，有着大把的时间。错过了可以从头再来，失败了也可以从头再来，甚至有许多人觉得趁年轻就应该及时享乐，否则青春逝去会给人生留下诸多遗憾。这些想法我们应当予以摒弃。年轻人确实可以做许多疯狂的事情，可以大胆实现自己的计划，但是年轻不应该成为浪费时间的借口。许多成功人士正是因为珍惜时间，才有了出众的成就。他们对待时间的态度，都非常值得我们借鉴。

著名作家、《居家常识》的作者玛丽恩·哈兰德就堪称是珍惜时间的典范。她总是在孩子睡着后或者其他的空余时间里修改她的小说或者文章。她的生活里充满了零碎的家务事，对于一般的家庭主妇来说，早就没有精力干其他事情了，而哈兰德却克服了这一点，做了其他许多女人无法做到的事情。也正因为对时间的正确把握，哈兰德成就了非凡的事业。

乔治·史蒂芬森也非常珍惜时间，他自学成才，总是利用空闲时间进行他的机车研究。在他当上工程师之后，仍然坚持每天晚上抽空学习数学。他对时间的尊重和把握常常达到让周围人惊异的程度。后来，也就是这个史蒂芬森，成为了英国铁路先驱，制造了第一辆实用蒸汽机车，并修建了第一条客运铁路。

就连美国历史上最伟大的总统之一罗斯福，也将珍惜时间视为成功人生的关键。当一个久别重逢只求会见一面的客人到时，如果没有重要事项，他总是在握手寒暄之后，便很遗憾地说他还有许多别的客人需要接见，这样一来，他的来客就会很简洁地道明来意，告辞而返了。这一社交方式，也为他节约了许多宝贵时间。

我们可以看到，珍惜时间，绝非一句空谈，一点一滴的零碎时间，便是我们下手的关键。古往今来，许多功成名就的人们，正是利用了这种我们所不屑一顾的时间碎片，获得了巨大的成功。那么，对于零碎时间，你又是怎样一个观念呢？仔细想想，你是否说过：现在离吃饭只有 10 分钟，也没时间做什么事情了。在时间筹划大师的眼里，这种观点便折射出了你对时间的观念。

总而言之，年轻绝非浪费时间的理由，年轻人的时间一样宝贵。爱迪生就曾经感慨："浪费，最大的浪费莫过于浪费时间了。" 少壮不努力，老大徒伤悲。年轻不努力，等到老了，想努力就一切都来不及了。只能空叹息悲伤。如果不想让自己后悔，那就赶紧抓紧时间好好奋斗。年轻并非浪费时间的借口，只有在年轻时珍惜时间，为了自己的人生和梦想而努力奋斗，才能成就属于自己终生的事业。

发挥出自己的天赋

爱默生曾经说过："人生来就具有一定的天赋。"所谓天赋，是指一个人在成长之前就已经具备的成长特性，它是针对特别的东西或特定的领域所拥有的先天能力。在某一领域拥有天赋之人，往往可以在同样经验甚至没有经验的情况下，以别于其他人的速度成长起来。

奥尼尔在《进入黑夜的漫长旅程》中曾经说过："尽量发挥自己的天赋，用得其所，将来一定能在成功的路上登峰造极！"因此，找到自己的天赋，并发挥自己的天赋，对每个人的成长都至关重要。在年轻的时候，如果能够发挥天赋，可以为我们节省下许多发展的时间，也避免走许多弯路。

不过，**发挥自己的天赋，你首先必须发现它。**在希腊帕尔纳索斯山南坡上，有一个驰名古希腊的戴尔波伊神托所。在神托所入口的石头上刻着两个词，用现在的话来说，就是"认识你自己"。古希腊哲学家苏格拉底经常引用这句格言来提醒我们，每个人都需要认识自我、发现自我、把握自我。认识自我，当然也包括认识自我的天赋。

格里格·洛加尼斯是美国著名的跳水运动员，他的跳水成就在整个世界体坛上也是有口皆碑。格里格·洛加尼斯的成功，也是从发现天赋到发挥天赋的一个逐步成长的过程。童年的时候，害羞的格里格·洛加尼斯在讲话和阅读上总是表现得十分笨拙，这让他常常受到同学的嘲笑和捉弄，他非常沮丧和懊恼。但是，格里格·洛加尼斯发现自己非常喜欢并精通于舞蹈、杂技、体操和跳水，自己的天赋绝对不是语言也不是阅读而是在运动方面。于是，他开始专注于这些天赋领域的锻炼，期望可以脱颖而出。经过一段时间的努力，格里格·洛加尼斯发挥了自己的天赋，并开始在各项比赛中崭露头角，这使他找到了人生的自信。

但是，好景不长，到了中学时期，格里格·洛加尼斯便发现自己在这诸多领域中有些应接不暇。因为无论是舞蹈、杂技、体操还是跳水，都需要辛勤的付出，而他不可能有这么多的精力和时间去做。他知道自己必须有所舍弃，只能专注于一个目标。但他不知要舍弃什么、选择什么。这时，他遇到了他的恩师乔恩——一位前奥运冠军。经过对洛加尼斯的观察后，他得出结论：洛加尼斯在跳水方面更有天赋。洛加尼斯在经过与老师的详谈后，认为自己的确更喜欢跳水一些，他认识到以前之所以喜欢舞蹈、杂技、体操，是因为这些可以使他对跳水更加得心应手，可以为跳水带来更多的花样和技巧。于是，洛加尼斯在诸多天赋项目之中，经过分析和判断，选择了最适合自己发展的跳水项目。

明确了方向之后，洛加尼斯开始进行专业化的训练，希望在跳水方面能够有所突破。多年之后，洛加尼斯终于在跳水方面取得了骄人成绩。由于对运动事业的杰出贡献，洛加尼斯在 1987 年获得世界最佳运动员和欧文斯奖，达到了一个运动员荣誉的顶峰。

洛加尼斯的故事可以让我们清晰地看到，发现你的天赋，这是发挥天赋的前提。在这个过程中，你需要对自己有充分的分析和认识,并在此基础上明确自己的天赋项目。在这个过程中，你也可能会遇到一些反复和挫折，但请不要泄气，因为发现天赋本来就不是一个简单的过程。

在发现了自己的天赋之后，你需要做的便是坚持。坚持发挥自己的天赋，有时候并不是一件简单的事情。也许你会受到周围人的质疑，也许你会遭到许多挫折和不顺，但请一定记住：只有你自己，才是最了解你自己天赋的人。所以，一旦你选定之后，就请不要轻言放弃。古往今来，许多人便是通过坚持，发挥了自己的天赋，实现了人生的梦想。

台湾著名漫画家蔡志忠 15 岁上初中二年级时就辍学了。他带着投漫画稿赚来的 300 元稿费，只身到台北闯荡。但很快就面临学历的问题,在他打算到以制电视节目著名的光启社求职时,看到求才广告上“大学相关科系毕业”一项条件，立即就傻眼了！不过他仍旧相信自己在这方面是有天赋的，没有理会这项学历限制而参加应征的行列。结果他击败了另外 29 名应征的大学毕业生，进入了光启社。以后他在漫画界的表现如异军突起，《老子说》《庄子说》等漫画，还被译成了多国文字在世界各地发行。

正是对于天赋的发现和坚持，让蔡志忠敢于挑战许多看似不可能的事情。在连初中都没念完的情况下，蔡志忠认为只要坚持发掘自己的天赋便不可能被埋没。他说："做人最重要的就是要了解自己。有人适合做总统，有人适合扫地。如果适合扫地的人以做总统为人生目标，那只会一生痛苦不堪，受尽挫折。"而他自己，就是适合做一个漫画家。他从小就知道自己能画，所以才15岁就开始画，画出了属于自己的一片天空。这其中，蔡志忠的努力和拼搏的作用自然不可忽视，但他对于天赋的充分发掘和坚持，无疑也成为他获得成功的一个重要支撑。

这一个又一个鲜活的事例给我们的启示，正如世界球王"黑珍珠"贝利所说的那样："我是天生踢球的，就像贝多芬是天生的音乐家一样，我就想认认真真地踢球"。**发现天赋、坚持天赋，是每个人发掘天赋、赢得成功的关键。**在这个过程中，也许有反复，也许有挫折，但请相信，这条道路的前途一定是光明的。

最后，让我们一起以苏霍姆林斯基在《给儿子的信》中的话共勉："我认识一些人，他们热爱乍看来极其平常，微不足道的工作。他们成了本行的诗人、艺术家，他们的技艺达到了炉火纯青的地步。这因为天赋和教育所给予的一切在他们的生活中达到难得的和谐一致。"**请相信你自己，发掘天赋，便能开拓人生。**

借鉴别人的经验

在二十多岁的青春年华，想要不负青春，除了不能浪费自己的天赋之外，我们还要借鉴别人的经验。年轻气盛、心高气傲的我们，尤其要注意这一点。

通常来讲，成功的路有两条，一条是靠自己埋头苦干、学习实践和总结；另一条是向已经成功的人去学习，像成功者那样思考和行事。第二条路，便是你社交中的一个重要收获，通过交往学习他人成功之道，汲取经验去“造血”。

当然，如果你想获得成功，也可以选择第一条道路。这种方式看似节省了向成功者学习的成本，但却极有可能走弯路，在时间与花费上往往得不偿失。而且，当一个人仅仅依赖于自己的知识、经验、资金、资源进行奋斗的时候，这条成功之路将缓慢无比。最终的结果往往是资源耗尽，信心丧失。所以，这条汲取经验去“造血”的曲线救国战略，倒可以成为你通向成功、获取财富的选择和捷径。

本雅明·华卡是美国一位普通的农家少年，他非常渴望获得成功，但却时常感到摸不到门道，空有力气而无处使。在成功杂志上，本雅明接触到许多大实业家的致富故事，他很渴望能够得到与他们交流的机会，很想知道当中更多的成功细节，并希望从他们那里得到关于成功与财富的忠告。

于是，本雅明居然突发奇想，壮起胆子来到了纽约。他也不顾几点开始上班，早上 7 点就来到杰克·阿瑟的事务所。在第二间房子里，本雅明马上认出了里面浓眉大眼，体格结实的人是谁。刚开始的时候，阿瑟觉得这个少年有点儿讨厌，但是，当少年问他："我很想知道怎样才能赚得百万美元？"时，他的表情变得柔和起来，而且露出了微笑，两个人竟然谈了足足一个小时。随后，亚斯达还告诉他访问其他实业界名人的方法。就这样，误打误撞的本雅明通过这样一次社交活动，从杰克·阿瑟那里获得了许多成功的经验。

随后，本雅明又依照阿瑟的指示，开始遍访纽约市中一流的经理、银行家及总编辑，向他们"取经"。在赚钱这方面，他所得到的忠告并不见得对他有多少帮助，但是能与那么多成功者接触，给了他自信和许多成功的指引，他开始效仿他们成功的做法。

在通过社交活动遍访名人之后，本雅明开始使用这些经验进行自我"造血"，投入到自己的奋斗过程。两年后，这个年仅 20 岁的青年，成为他学徒的那家工厂的主人。24 岁时，他成了一家农业机械厂的经理。短短 5 年的时间里，他就如愿以偿地拥有了百万美元，这个来自乡村粗陋木屋的少年，最终成为银行董事会的一员。在活跃于实业界的 67 年中，本雅明实践着他年轻时在纽约学到的信条，即多与有益的人结交，从他们身上获取有益的经验，并将其运用到自己的"造血"过程，这种方法能够改变一个人的命运。

是的，太阳底下没有新鲜事情发生，历史总是在一再重演的，所以未来将要发生在你身上的故事，也许早已在别人身上上演过了。所以，虽然有人说成功不可以复制，但成功的原因和经验绝对值得研究学习。你想要拥有什么样的人生，想要达到怎样的成就，可以通过向已经达到这些成就的人学习，来帮助你实现目标。他们在拼搏过程中的经历，他们留给你的经验教训，都是不可多得的财富。

其实，我们的社交本身就是一个主动学习他人成功经验，并将其运用到自身造血的过程。我们每个人都有不同阶层、不同职业的朋友，这些朋友就是你的人脉圈子。在一定程度上，这个圈子将决定你以后的路平不平坦，其症结也在于你能从他们身上学到多少有益于自己的经验。所幸，在社交活动中，只要你善于发现，每一个人都可能成为你汲取经验的对象。

亨利就是这样一位善于在社交中汲取经验的人，在他的眼里，上至老板上司，下至同事朋友，都可以成为他汲取经验的对象。有一次，亨利与同事彼得一起出差。因为业务密度太大，亨利每天都处于晕晕的状态，疲于应付每天的工作。回来后一日，另一位同事问起那家单位什么情况。这些亨利经手的事情连他自己都根本没有印象，而令他非常吃惊的是，同事彼得，他居然清楚记得每家单位在哪个地方，他们接触到的那些单位的分管老总、会计、出纳叫什么，他们的业务情况。这让亨利十分吃惊，也明白了自己的工作状态仍不够投入，便将这个经验及时汲取，吸收到自己的职场“造血”过程。

在另外一次出差的过程中，亨利也从自己与领队的交往过程中，汲取到许多经验。这位领队是一个与小王同时进单位的男孩，他比亨利小，精精瘦瘦，因此亨利没太上心。后来，亨利在与男孩的交流中，发现他的公文袋装得满满当当，里面放着各种文具：笔、橡皮、眼药水等，挤得满满的，吸引他注意的是，他的笔袋里那么多东西，却摆放得那么整齐。想想自己的包，虽然总崇尚名牌，但里面永远是杂乱的。想拿出一个东西，必须得费力在里面又掏又摸又找，半天才能找出来或者半天才发现里面没有。这位领队虽然身材不高大，目前经济条件也并不很优越，但他的衣着总是很整洁得体。于是他知道，这是一个很有条理、逻辑性很强的男孩，后来还发现他是大家公认的电脑高手，而且是自己琢磨出来的。后来，亨利凭借着这些在人际交往中的经验，成功完成了职场"造血"活动。现在，他在职场上正处于稳步上升的过程，顺利越过了曾经的彼得和领队，成为了公司的中流砥柱。

正如孔子所说的那样，"三人行必有我师"。或者如爱默生所说："在我生命中，我认识的每一个人，或多或少是我的老师，因为我从他们身上学到了东西。"

不管是学习、工作还是日常的社会交往中，我们都应该善于从自己接触到的、未接触到的人身上汲取有益经验，这样才能有效促进自己人生和职场的"造血"活动。所以，从此刻起，千万不要忽视你社交活动中的每一个对象，让他们成为你职场和人生发展的导师吧。

抓住身边每一个机会

二十多岁的年轻人往往并不知道成功的机会在哪里，错过的时候还会安慰自己说，没关系，未来的路还很长，还会有更多的机会。**这样想就大错特错了，机会绝对不可以浪费，因为它一旦错过就不会再重来，只有抓住身边的每一个机会并为之努力，你才能有所收获。**

在众人眼里，美国百货业巨子约翰·甘布士是一个另类，同时也是一个敢于冒险、善于冒险的勇士。他的经验之谈极其简单：“不放弃任何一个哪怕只有万分之一可能的机会。”

有一次，约翰·甘布士所在地区经济陷入萧条，不少工厂和商店纷纷倒闭，被迫贱价抛售自己堆积如山的存货，价钱低到 1 美金可以买到 100 双袜子了。

那时，约翰·甘布士还是一家织造厂的小技师。他马上把自己积蓄的钱用于收购低价货物，人们见到他这股傻劲，都公然嘲笑他是个蠢材。

约翰·甘布士对别人的嘲笑漠然置之，依旧收购各工厂抛售的货物，并租了一个很大的货仓来储货。

他妻子劝他，不要把这些别人廉价抛售的东西购入，因为他们历年积蓄下来的钱数量有限，而且是准备用作子女未来的教育经费的。如果此举血本无归，那么后果便不堪设想。对于妻子忧心忡忡的劝告，甘布士笑过后又安慰道："3 个月以后，我们就可以靠这些廉价货物发大财。"

甘布士的话似乎兑现不了。过了 10 多天后，那些工厂贱价抛售也找不到买主了，便把所有存货用货车运走烧掉，以此稳定市场上的物价。

太太看到别人已经在焚烧货物，不由得焦急万分，抱怨起甘布士来。对于妻子的抱怨，甘布士一言不发。

终于，为了防止经济形势恶化，美国政府采取了紧急行动，稳定了甘布士所在当地的物价，并且大力支持那里的厂商复业。这时，当地因为焚烧的货物过多，存货欠缺，物价一天天飞涨。约翰·甘布士马上把自己库存的大量货物抛售出去，赚了一大笔钱。

在他决定抛售货物时，他妻子又劝告他暂时不忙把货物出售，因为物价还在一天一天飞涨。他平静地说："是抛售的时候了，再拖延一段时间，就会后悔莫及。"因为他知道，政府为了使市场物价得以稳定，不会允许它不断暴涨。

果然，甘布士的存货刚刚售完，物价便跌了下来。妻子对他的远见钦佩不已。后来，甘布士用这笔赚来的钱，开设了 5 家百货商店，业务也十分发达。再后来，甘布士成为了全美举足轻重的商业巨子。

他在一封给青年人的公开信中诚恳地说道："亲爱的朋友，我认为你们应该重视那万分之一的机会，因为它将给你带来意想不到的成功。有人说，这种做法是傻子行径，比买奖券的希望还渺茫。这种观点是有失偏颇的，因为开奖券是由别人主持，丝毫不由你主观努力；但这种万分之一的机会，却完全是靠你自己的主观努力去完成。”

甘布士说的一点没错，机会和买彩票性质完全不同，它意味着你发挥主观能动性掌握自己命运。虽然机会往往需要我们冒险，但俗话说“不入虎穴，焉得虎子”，这句古语揭示了一个千古不变的道理，世界的改变、生意的成功，常常属于那些敢于抓住时机，大胆冒险，不放弃万分之一机会的人。

二十几岁的年轻人，必然编织过许多美丽的梦想。然而，大部分人都在长久等待着时机，伺机准备，但是每次都可能错过飞逝的班车。我们总认为机会是不劳而获的，它会停在你身旁，等你上了车再发动，因此，人们经常错过了所有实现梦想的机会。

有一则故事是这样说的：村庄发大水，村民都上了大船，但牧师不上，他说：“上帝会来救我的。”大船开走了。水位在涨高，牧师爬上了房顶。又有一艘快艇来搜救遗漏人员，牧师还是不走，仍说：“上帝会来救我的。”快艇也开走了。水位漫过了房顶。又有直升机来接牧师，牧师仍然坚持不走，照旧说：“上帝会来救我的。”无奈，直升机也飞走了，最后的机会丧失了。终于，虔诚的牧师遭到了灭顶之灾，真正见了上帝。他抱怨上帝说：“怎么不来救我？”上帝说：“我先后派了大船、快艇和飞机三种交通工具，可三次机会都被你错过了。”

故事显然是虚构的，但说明了一条很重要的哲理，那就是：抓住机会就是抓住了上帝。上帝是公平的，因此，上帝在赋予人们机会的时候，不会偏袒任何人。虽然有些机会，我们是无法选择的，例如我们出生在一个什么样的家庭里。然而，尽管家庭出身对于一个人的成长和成功至关重要，但是在人生的旅途中，还有大量的机会是可以让我们选择的，这些机会对于我们的成功也是最关键的，一个人的最终成就就是取决于对这些机会的把握。

因此，当机会来临的时候，你一定不要浪费，不要让它溜走。小时候，当你犯了错误，自己会给你机会，其他人会给你机会，社会也会给你机会。而走入社会，就一定要记住：“没有人会给你机会，机会只有一次。”

有人曾经把机会比喻成小偷，说它来的时候悄无声息，但走的时候却让人损失惨重。的确，在当今激烈的市场竞争中，职场就如战场，机会往往只会出现一次，一旦错失掉，就再也不会来了。所以，**二十几岁的你，拥有无穷的力量、未来有无限的可能，千万不要让机会白白浪费掉，**而是要眼明手快地抓住它，**给自己的人生更多成功的可能！**

充分发挥每一分钱的价值

你也许会说，我不是一个会浪费金钱的人，我自认为自己珍视金钱的价值。

那么，我们可以问问自己：路上行走的时候，看到地上丢的一分钱，你会捡起来吗?

可能，大多数人会视而不见，大多数人会因为捡起一分钱而脸红。他们通常是这样认为的：一分钱办不成什么事情；一分钱功能太小；一分钱会让我显得小气、寒酸；坚决不为小钱而折腰。

但那些愿意把它捡起来的人却认为：一分钱有一分钱的功用。

一分钱都如此在乎，是因为吝啬吗?不，他们认为每一分钱都不可随意小觑，都不应该浪费。他们认为，每个一分钱在关键时刻都会承担一定的功用，在商业来往中，一分钱的单价争执往往成为生意是否赚的焦点。

一个哲学家被邀请去参观一个有钱的朋友的新居。当他走进朋友富丽堂皇的新居内，问他的朋友为什么把客厅设计得这么大时，朋友说："因为我支付得起。"当看到朋友的卧室也是出奇的大时，哲学家又问："为什么要这么大？"得到的回答同样是："因为我支付得起。"哲学家笑了，指着朋友头上的帽子说："那您今天戴的帽子实在太小了，您应该戴一顶比您的脑袋大十倍的帽子，因为您支付得起。"

赚钱是一种智慧，花钱也是一种智慧。你真的会花钱吗？你的支出真的与你的收获相对应甚至物超所值吗？

汽车大王亨利·福特在创业之初，与一家配件商订购一批汽车零配件，价格质量谈好之后，福特要求对方用木箱对零售配件进行包装，以减少零配件在运输装卸中的损坏，并把包装规格详细告诉了对方。令配件商意想不到的是，福特包装规格十分严格，木板箱的尺寸及厚度都有严格的规定。配件商虽然有些不满，但为了长期和福特做生意，他们只好按图纸的要求一一照做了。

货物送到以后，福特要求员工把包装箱轻轻拆开，不许弄坏任何一块木板，拆下来的木板立即送到新建的办公楼。原来，这批木板是用来装饰新楼地面的，所有的包装箱上的木板的尺寸和厚度，都是按地木板的尺寸厚度而设计的，这些木板为福特节约了近 10 万美元的费用。

一般人或许会把包装箱当成废品处理掉了，只有福特想出了这样的方法，让他的花费创造出了最大的价值。看完他的故事，你明白了什么是明智地花掉每一分钱吗？

在肯尼迪家族中，每个星期，老肯尼迪都要给孩子们平均数量的零用钱。孩子们可以在这个范围内自由支配。如果想要买自己喜欢的商品，而钱又不够，他们也不能向家里要，而只能通过几星期的节约积累，攒够需要的数目。

通过这种方式，老肯尼迪向孩子们灌输了这样一种思想：要珍惜每一分钱，学会花每一分钱。到了周末，老肯尼迪还会召开一个家庭会议，在这个会议上，孩子们要汇报自己都把钱花在了哪里。花钱随意、消费毫无计划的孩子会被减少下周的零用钱，而那些花钱有计划甚至还有节余的孩子则会受到金钱上的奖励。

肯尼迪家族的做法代表了美国人的一种观念：花钱要明确资金的去向和用途。

对于二三十岁的你来说，想要购买的物品永远都有那么多。这时候，你需要把每天的资金使用情况都记录在一个本子上面。所有的开销，都要记录下来。这样，你就知道了自己消费的具体情况。你可以将自己的支出分为必需品和非必需品两大类。

非必需品并不是不可以买，人当然需要一些娱乐、一些享受。但是，我们强调的是要学会花钱，钱要花得明明白白。要理性地花钱。比如：比较、确定哪里的价钱最合适，哪些东西是物有所值等。

虽然在这个消费时代，省钱已经不怎么提倡了。在蠢蠢欲动的经济时代中，理财时绝大多数人只是提倡“开源”，却不懂得“节流”。但不要小看任何一点小小的节约，积少成多，聚沙成塔。节省下不必要的开支，就相当于净赚一大笔收入。

戴尔——世界最大的电脑生产公司，让我们看看他们是如何进行成本最大化节省的。戴尔集团用劳动强度理论去研究自己的组装流水线，它用视频设备将工作小组的每个组装步骤录像下来，然后看有没有多余或者浪费的步骤。因为一颗螺丝钉的出现将浪费一台机器大约 4 秒钟的装配时间。在强烈的成本节约观点指导下，戴尔工作流程设计师的设计使一件产品不会出现一颗多余的螺丝钉。

年轻的你或许觉得，精打细算显得太不潇洒，因此往往容易忽略小钱，你也许从来没想过它的时间价值。现在，你可以给自己算过一笔账，假如你经常因为晚起床，怕上班迟到而打车到公司，每月平均就会多支出 250 元交通费，一年就是 3000 元，看似不多，但是从 25 岁算到 60 岁，以年利率 5% 计算，就是 28.4508 万元。

不要认为点点滴滴的节约毫不起眼，相信上面那个数字会让你大吃一惊。**日常生活中，重视小钱，学会一些节约良方，你就拥有了“节流”的省钱智慧。**

不放过每一次头脑的创新

简单来说，我们可以把周围的人分为两种类型：一种是不加分析地接受现在的知识和观念，思想僵化，墨守成规，安于现状。这种人既无生活热情，更无创新意识；另一种是思想活跃，不受陈旧的传统观念的束缚，注意观察研究新事物。这种人不满足于现状，常常给自己提出疑难问题，勤于思考，积极探索，敢于创新。

毫无疑问，二三十岁的年轻人，应该并且也能够学习后一种人，培养和锻炼创造性思维的能力。或许你觉得创造性思维能力是一个太大的概念，自己似乎难以驾驭。那么我们可以换一种说法，**年轻的你，不要放过自己那思维活跃的大脑中闪现出的每一个点子。**

你可以记下自己思想的每一次火花，然后对其进行可行性评估，倘若你认为自己真的想那么做、值得那么做，那就勇敢地动手吧，不要因为畏惧而浪费了头脑创新的好机会。那些在各自领域成为佼佼者的人士，往往都是因为把握了每一次的头脑创新才有所成就的。

皮尔·卡丹第一次展出各式成衣时，人们就像在参加一次真正的葬礼，皮尔·卡丹被指责为倒行逆施。结果，他被雇主联合会除了名。不过，数年之后，当他重返这个组织时，他的地位提高了。从大学里直接聘请时装模特儿，使人们更加了解他的服装，确保了他的成功。

1959 年，皮尔·卡丹异想天开，举办了一次借贷展销，这一个极其超常的举动，使他遭到失败。服装业的保护性组织时装行会对他的举动万分震惊，因而再次将他抛弃。可他在痛定思痛后，又东山再起，不到三四年功夫，居然被这个组织请去任主席。

就这样，皮尔•卡丹的帝国规模越来越大，不仅有男装、童装、手套、围巾、挎包、鞋和帽，而且还有手表、眼镜、打火机、化妆品。并且向国外扩张，首先在欧洲、美洲和日本得到了许可证。1968 年，他又转向家具设计，后来又醉心于烹调，并且他成了世界上拥有自己银行的时装家。

“卡丹帝国”从时装起家，30 年来，他始终是法国时装界的先锋。1983 年，他在巴黎举行了题为“活的雕塑”的表演，展示了他 30 年设计的妇女时装，虽然岁月已流逝了 20 ~ 30 年，可他设计的这些时装仍然显得极有生命力，并不使人有落后的感觉。

卡丹在经营时装业的同时，还向其他的行业发展。1981 年，皮尔•卡丹以 150 万美元从一个英国人手里买下了马克西姆餐厅，这一惊人之举在全巴黎引起了不小的震动。这家坐落在巴黎协和广场旁边，有着 90 年历史的餐厅当时已濒于破产，前景十分暗淡，不少人对卡丹之举不理解，有人甚至怀疑这位时装界的奇才是否真有魔法使家餐馆会重放异彩。

可是，三年过去后，马克西姆餐厅竟奇迹般地复生了。不但恢复了昔日的光彩，而且把它影响扩大到了整个世界。马克西姆的分店不仅在纽约、东京落了户，同时在布塞尔、新加坡、伦敦、里约热内卢和北京安了家，卡丹经营的以马克西姆为商标的各种食品也成为世界各地家庭餐桌上美味佳肴。卡丹终于实现了自己的诺言："执法兰西文明的两大牛耳（时装、烹饪）而面向世界。"

40 多年来，皮尔•卡丹的事业不断扩展，现在他在法国有 17 家企业，全世界 110 多个国家的 540 个厂家持有他颁发的生产许可证。他在全世界约有 840 个代理商，18 万职工在生产"卡丹牌"或"马克西姆牌"产品，每年的营业额为 100 亿法郎，皮尔•卡丹已成为法国十大富翁之一。

回顾皮尔・卡丹的成功之路，不难发现他自从步入法国时装业，就以服装设计敢于突破传统，富于时代感、青春感而著称。早在 1955 年，皮尔•卡丹因创新而不容于同行，被逐出巴黎时装协会——辛迪加，然而他的服装设计并未因此而窒息，反而加速了发展。

他在厚呢料大衣上打皱褶；用透明面料做胸前打褶的上衣；给新娘穿上超短裙；让模特穿上带网花的长筒袜；他还设计出"超短型"的大衣、气泡裙；用针织面料为男士做西服……他在 60 年代末，推出一套女式秋季服装，就是以式样新、料子柔、做工精而成为时髦女郎和年轻太太的抢手货，一时轰动了巴黎。由于皮尔・卡丹设计刻意追求标新立异，因此，法国的时装界"卡丹革命"的旋风劲吹。

从皮尔・卡丹的发迹历程可以看出，创新思维是他获得成功的关键。如果没有这种异想天开的头脑创新，他的名字会像今天这样闻名全球吗？

我们知道美国社会十分崇尚个性，因此在他们的国家中有各式各样的人，他们各自拥有着自己的梦想，并为梦想努力，于是人的创造力也就发挥了。东方民族强调纪律性，合作精神，这也不能说不好，但在同时，我们却抹杀了个性，摧毁了创造力。像可口可乐、麦当劳、电脑、因特网等等这些不都是出自于美国吗？这正是他们异想天开梦想的结果。

有人曾开玩笑说：美国人的祖先是罪犯，他们都是在英国犯了罪而被流放到美国的。因为在美国人身上始终表露着一种野性，美国人特别的疯狂，并且喜欢异想天开。也正是因为他们的异想天开，使他们能够去往这方面努力，而这异想天开的理想正是现代人不断创新，不断前进的动力。

人们常说爱做梦的孩子有出息，这话很有道理，要知道孩子们最可贵的地方之一就是他们有丰富的想象力，那些异想天开的孩子比那些墨守成规的孩子更灵活，表现得更聪明，他们总是能够想出各种花招让自己乐在其中，也会想象各种新奇的东西，所以，**人类历史上很多创新都是由那些爱异想天开的人创造的。**

年轻的你，一定也有很多所谓不切实际的想法，当你把这些告诉别人的时候，可能会被他人当成笑话，但是请你不要介意，永远不要把自己的头脑创新当成笑话，只要你敢想，就应该尝试着去实现它，不要因为害怕别人的嘲笑就轻易否定自己，得不到别人肯定的想法不一定是不对的，每个人都有自己的想法，不要让自己的想法扼杀在他人的看法中。

其实，人类历史上每一次重大发明的实现不是从被认为是笑话而变成现实的呢？从前要实现远距离的两个人之间的通话看起来不可能吧？但是电话的发明把这种不可能变成了现实；人们曾经梦想像小鸟一样能飞上天空，飞机的发明就让人们梦想成真了……所以永远不要把自己新奇的想法当成笑话，认真对待，说不定下一个改变人类命运的人就是你。

不要浪费每一点激情

“恰同学少年，风华正茂。书生意气，挥斥方遒”，**年轻是多么美好的事情，而年少时的万丈豪情又是多么珍贵。**

有一个雕刻家，自从爱上这一行后，从来没有好好睡过一次觉。每当有作品需要创作的时候，他的一日三餐仅是几片面包。清晨他从面包铺里买来面包，吃一片当早餐，剩下的就揣在怀里。他爬到高高的梯子上工作，饿了便啃几口面包充饥。

他的名字叫米开朗琪罗，一位天才的雕刻艺术家。

几百年前一个下着雪的早晨，名声威震欧洲的米开朗琪罗很早就出门了。他在斗兽场附近碰见了城里教堂中的主教。主教惊讶地问他：“在这样的鬼天气里、这样的高龄，你还出门上哪里去？”“上学院去。想再努一把力，学点东西。”他回答。

在几百年后的今天，你可以想象，在那一天，他所在学院的学生们还在有火炉的房间酣睡，而一位风烛残年的老人，却打开了结着冰花的工作室门。他就不怕冷不怕累吗？他不累，因为有激情。就像年轻的你一样，充满了激情，所以总是充满活力地面对生活。而激情，对于成功者来说是非常重要的。

威尔斯对于“费马大定理”就有着异乎寻常的激情。那种感觉就是非常喜欢，非常激动，因为有了这个东西，才足以让他坚持这么多年而不放弃，终于取得了巨大的成就。他的一位同事对《纽约时报》说，每 1000 个数学家中才有 1 个能看懂威尔斯的研究成果。

美国成功学大师拿破仑·希尔也有这种感觉，他认为激情是一种意识状态，能够鼓舞和激励一个人对手中的工作采取行动。他的写作大都在晚上进行。有一天晚上，他工作了一整夜，因为太专注，使得一夜仿佛只是 1 个小时，一眨眼就过去了。他又继续工作了一天一夜，除了其间停下来吃点清淡食物外，未曾停下来休息。如果不是对工作充满激情，他不可能连续工作一天两夜而丝毫不觉得疲倦。

无疑激情是一种重要的力量，它是一股伟大的力量，你可以利用它来补充你的精力，并发展出一种坚强的个性。有些人很幸运天生就拥有激情，其他人却必须努力才能获得。只要你想拥有，你就一定能做到。激情源于对生活的热爱，源于对工作的兴趣。努力喜欢你所从事的工作，你几乎就所向无敌了。

然而如果你留心身边的中年人，会发现很多人都会感慨，随着年龄的增长，一切都在变，几乎没有了欢声笑语，没有了谈笑风生，更没有了当初“指点江山，激扬文字”的那一份激情，一股莫名的压力将这一切都扭曲了。于是我们变得越来越沉默寡言，越来越寂静枯朽，而那份热血沸腾的激情，已然完全凝固，成为永恒的回忆。二三十岁的你，能想象这种情形吗？或者你正在经历这样的情形？

歌德曾经说过："我们的激情实际上像是火中的凤凰一样，当老的被焚化时，新的又立刻在它的灰烬中重生。"然而事实上，能做到这一点的人，实在是少之又少。

二三十岁的我们，身上流着青春的血液，澎湃着青年人的激情，千万不要让它们浪费了。否则有一天，当你的激情荡然无存时，就很难再重燃激情的火焰。

你一定很清楚，年轻的自己没有资源，没有背景，没有实力，没有人脉，没有资金，我们唯一的优势就是年轻有激情。所以，我们绝不可以浪费自己拥有的宝贵激情。

那么，我们该怎样让自己拥有激情呢？个人激情的主要来源是什么呢？历史学家阿诺尔德·托因比写道："热情可以通过两样东西激起：第一个是有着暴风雨般想象力的想法；第二个是将这些想法付诸行动的确切的清晰的计划。"

但是也有时候，你会需要给你的电池充电。你该怎么做呢？任何事都不是自动的。要让你的热情一直持续，你就不要忘记随时给它添加新的活力，为它树立新的梦想和新的目标。

阳光般明亮炙热的激情，不是别人能提供的，这束光芒来自于你的内心。如果把一份工作交给你和别人一起完成，过了几天上司问你工作的进度如何，你对他说："我的合作伙伴那一部分还没有完成，所以我的这部分也没法做"，那么你的上司肯定要狠狠责备你了。如果你真想好好完成你的工作的话，你一定会主动地催促你的合作者快点完成他的任务，而你也可以不用等到他把事做完了才去做。你应该主动地先行解决很多问题，你甚至可以用你的激情去感染他。

没有一种比早上醒来跟自己说一些鼓劲的话更能使自己变得有活力和有激情的方法了。讲座和概论性的东西往往不是很起作用。相反，选择你计划中一个需要特殊激情或者热情去完成它的特定的项目。今天专注于这个特殊的问题，当新的一天到来的时候，重复这个过程，你会发现你的世界每一天都充满了阳光。

当你倍感孤独的时候，你不妨也问问自己是不是缺少了激情？你的目标应该是让激情成为你所做的每件事中完全的和永久的一部分。

第八章

这十年，你要让内心变得强大

总会有人看你“不顺眼”

我们也许都读过下面这个寓言故事：

一位上了年纪的父亲和他的小儿子一起赶着他们的驴子，打算到市场上去卖。他们没走多远，遇见了一群人聚集在井边，谈笑风生。其中有一个人说：“瞧，你们看见过这种人吗，放着驴子不骑，却要走路。”父亲听到此话，立刻叫儿子骑上驴去。

走了一会儿，他们遇到了一群正在争吵的老头，其中一个老头说：“看看，这正证明了我刚说的那些话。现在这种风气，根本谈不上什么尊敬老人。你们看看那懒惰的孩子骑在驴上，而他年迈的父亲却在下面行走。下来，你这小东西，还不让你年老的父亲歇歇他疲乏的腿！”父亲便叫儿子下来，自己骑上毛驴。

他们没走多远，又遇到一群妇女，有一个妇女大喊道：“你这老头儿，你怎么可以骑在驴子上，而让那可怜的孩子跑得一点力气都没啦？”父亲立刻又叫他儿子来坐在他后面，两个人合骑着一头毛驴。

过了一会儿，来到一座教堂前，一位牧师叫住了他们："喂！喂！请等一下，那么弱小的驴子让两个人骑，驴子太可怜了。你们要去哪里呢？"

"我们正要带这匹驴子去市场卖呀！"

"哦！这更有问题。我看你们还没走进市场，驴子就先累死了，恐怕还卖不出去呢！"

"那么，该怎么办呢？"

"把驴子扛着去吧！"

"好！就按照你说的办。"

父子俩立刻从驴背上跳下来，将驴子的腿捆在一起，用一根木棍将驴子抬上肩向前走。经过市场附近的一座桥时，很多人围过来看这种有趣的事，大家都取笑他们父子俩。吵闹声和这种奇怪的摆弄使驴子很不高兴，它用力挣断了绳索和棍子，掉到河里去了。

这个故事说明了这样一个道理：**不同的人站在不同的立场，会有不同的看法。无论你怎样做，都不可能做到让所有的人都满意。所以，做事要有主见，如果自己认为是正确的，就要坚持下去，不要被别人的意见所左右，不要企图让所有的人都满意。**那位父亲想让所有的人都满意，结果谁都不满意，还把毛驴弄丢了。

生活中，有的人会对别人的评价特别敏感，别人不高兴，他就以为对他不满；人们在说悄悄话，他就感觉一定是在说他的坏话；对方的一声咳嗽，他就怀疑是对他的不敬；有人见到他点头微笑，他感到是别有含义；有时本来是互相开玩笑的话，这些人也会当成真事，反复琢磨半天，心情久久不能平静下来。

鸡毛蒜皮的小事会让这些过分敏感的人想入非非，做出错误的判断，他们对恩恩怨怨最爱斤斤计较，总以想当然去观察世界，并自以为是，结果总有难以排解的心绪，更有甚者发展为心理上的病态。

这种过分敏感的人，会在生活中处处设防，时时疑心，多愁善感；会活得很累，既要对付那些夸大了的矛盾，又要抚慰自己无中生有的痛苦，可谓劳心伤神。在与人交往的过程中，由于处处设防，便会让人对他敬而远之，朋友就会越来越少，人际交往就会变得不和谐。

这样的人，常常会怨声载道：“我们单位的人际关系太复杂了，张三对我有成见，李四说我的坏话，王五看我不顺眼……每天都有生不完的气，烦死人了。”情况是否真的是这样，我们不敢妄下断言，但应该明白，有人对你看不惯这是再正常不过的事情，任何一个人都不可能获得所有的好评，不要为徒劳无功的事伤神。

每个人都会有自己的感觉，都会根据自己的想法来看待世界。请不要试图让所有人都对你满意，否则你将永远得不到属于自己的快乐。

有个画家，想画出一幅人人见了都喜欢的画。他把画好的画放在路边，在画旁放了一支笔，并附上一则说明：亲爱的朋友，如果你认为这幅画哪里有欠佳之笔，请赐教，并在画中标上记号。晚上取回画时，整个画面都涂满了记号——没有一笔一画不被指责。画家心中十分不快，对这次尝试深感失望。

他决定用另外一种方法再去试试，于是他又画了同样的一幅画拿到路边。这次他请每位观赏者将其最为欣赏的妙笔都标上记号。结果是一切曾被指责过的笔画，如今却都换上了赞美的标记。最后，画家不无感慨地说:“我现在终于明白了,自己做什么只要使一部分人满意就足够了。因为有些人看来是丑的东西,在另外一些人的眼里则恰恰是美好的。”

这个故事再次说明,无论做什么事,你都不能让所有的人觉得满意。因为每个人都有他自己的看法和角度,为了取得别人的支持,你可以尽量迁就别人的要求,但是你不能期望所有的人都对你感到满意。不管你做任何事,你打算怎么做,总会有人对你表示失望。把别人的看法和意见放在自己身上,只能造成一种失败。在仅仅涉及你自己追求的目标和做事方式等问题上,你不必太在意别人的看法,在追求成功的过程中,要学会信任和相信自己。

现实生活中,我们也常常遇见类似的事情。当某人做了一件善事,引起别人的注意时,会听到各种截然不同的评论。张三说你做得好,大公无私;李四说你野心勃勃,一心想往上爬;上司赞你有爱心,值得表扬;下属则说你在做个人宣传……总之各种各样的议论,有的如同飞絮,有的好似利箭,一一迎面扑来。即便你是好心,即便你尽了全力,但你不可能使所有的人都对你满意。所以说不能被别人的舌头压死,只要走自己的路,凡事做到问心无愧就好。成天忧心忡忡担心别人对自己的看法,只能是“天下本无事,庸人自扰之”。

任何时候,做好自己应该做的事情,就可以面对自己的心灵了。而评价是人家的事情,只要是对的,是大多数人认可的,就已经够了,绝不要让某些人的闲言碎语牵住自己,更不要因别人的眼光而苦恼。记住:有人看你不顺眼是再正常不过的事,无需为此伤神。

失败之后，先看自己

失败之后，你是怎样的反应呢？是怨天尤人抱怨命运不济，是指责他人不予帮助、坐看形势危急，还是自怨自艾、任失败的情势继续发展而一发不可收拾？其实，如果你想求得失败之后的再次崛起，那么请一定记住：失败之后，先看自己。

失败之后，要学会先看自己。失败后的反思是一种智慧，也是你纠正错误的第一步。反思昨天为了明天；反思失败为了成功。我们很难想象，一个人在失败后没有反思自己而是一味埋怨，将会如何发展下去。在失败时反思，先看自己，将使我们更加清醒，也更加睿智，既能避免出现重复性的错误，也能为日后的发展理清脉络。但在现实生活中，许多人在遭遇挫折或是失败后，第一反应却往往是指责他人，就像下面的寓言故事一样：

有一艘渔船在大海上遇难，船上的人都落水，有一个幸存者被海水冲到了海岸边。他又累又困，于是在海滩上睡着了。不一会儿，这位幸存者醒了过来，他坐起来看着此时平静的大海，指责大海总是骗人，以平静、温和的外表引诱人们。当人们上当后，大海就变得异常凶残，最终把人们毁灭了。这时，海里传来一个动听的声音：“喂，朋友，你别责怪我，应该责怪风！我本是非常平静的，是风忽然猛刮过来，掀起了惊涛骇浪，使我变得残暴了。”在对大海抱怨了一通之后，这位渔夫继续前行，他经过长途跋涉后，再一次精疲力竭地倒在井边睡着了。当他差一点掉到井里时，幸运女神叫醒了他，说：“喂，朋友，你若掉到井里，一定会像责怪大海一般责怪我，绝不会怨自己的疏忽。”

其实，我们许多人都有寓言中幸存渔夫那样的反应，在失败后，第一个反应是责备他人而不是反思自己，即使获得帮助后，也往往缺乏感恩之心。在现实生活中，很多人总是把由于自己原因造成的不幸归之于他人，有些人总是不愿意检讨自己，他们习惯于找借口，把自己的责任推卸给别人。

然而如果没有反思，改正和超越便是空谈。因为没有认真总结自己的过去，自然无从评价自己失败的原因，更何谈在失败中重新振作和崛起呢?

哈耶克是美国西部一个著名商学院的学生，在学校期间，哈耶克的表现十分优秀，毕业后，他也顺利找到了一份好工作。但是最近他的工作让他十分郁闷。他觉得他所从事的工作和当初的想象差别太大了，在工作中他连连遇到了挫折。于是他萌生了辞职的念头。这一天，哈耶克找到了经理：“经理，我感到这份工作和我当初的想法有些差距，这不是我希望的工作，我要辞职。”总经理问哈耶克：“哦？你当初怎么想的，现在又是在做些什么呢？”“我觉得，我的能力可以承担更大的责任，而不仅仅是这些琐碎的日常工作，这埋没了我的才能。”哈耶克理直气壮地回答。

总经理接着说：“嗯。不错，小伙子，你很有潜力，但你应该正视你的缺点。我来告诉你，昨天你给我的市场研究报告，总共有十二处错误，很多错误都是致命的。你知道这些错误是什么吗？”哈耶克十分惊异：“怎么可能？那可是我费了很大的力气完成的！”

“哈耶克，你现在的错误，可以由我来给你修改，如果我有错误的话，就会直接给公司带来损失。你知道咱俩换换职位会有什么结果吗？手中的事情都做不好，怎能去承担更大的责任？哈耶克，我明白你的想法。但在遭受了挫折和失败之后，我觉得你更应该先反思自己，想一想自己有哪些方面需要提高。你的辞职信暂时放在我这里，如果你在明天上午之前，还是坚持你的想法的话，我可以答应你的要求。”此时，哈耶克恍然大悟，告诉经理：“经理，对不起，我想我应该收回我的辞职信。”后来在事业上获得成功的哈耶克，回想起当年经理的一番话，仍然觉得受益匪浅，而“失败之后，反思自己”也成为了哈耶克的人生箴言。

其实当你遭受挫折和失败之后，最明智的选择便是先看自己，进行失败的反思和总结。正如海涅所说的那样：“反省是一面镜子，它能将我们的错误清清楚楚地照出来，使我们有改正的机会。”失败后先看自己，也给了你在失败中再次崛起、重新出发的机会。古往今来，许多著名人物在跌倒后能够重新爬起，在失败后能够重获成功，往往也在于他们善于反思、善于总结。

列夫·托尔斯泰的幼年，便有过这样一段经历。在列夫·托尔斯泰15岁轻狂少年时，他就于读大学文科班。然而他连续两年考试不及格，被学校强迫退学。不过他并没有因此意志消沉，而是认真思索，对自己进行了反思。他把自己的各种缺点都仔仔细细地写在日记本上，以便他随时对照检查。一旦他意识到自己的老毛病又犯了，就立即改正。从此，托尔斯泰的生活发生了很大的改变。在不断反思自己的过程中，他逐步成长为一位大文豪，并创作出《战争与和平》、《安娜•卡列尼娜》等享誉世界的名著。

著名销售人员埃德温・科克斯也曾经挨家挨户地试着推销铝制厨具，但也连连遭受冷眼和挫折，厨具销售情况十分不佳。于是他开始在失败之后反思自己，思考自己到底在哪个环节出现了问题。经过反思，埃德温•科克斯很快意识到由于清洗不便人们不愿意购买铝制厨具，于是他想出了一个解决方法：某天在家里做试验时，他把细钢丝绒和肥皂结合在一起，创造出百洁布。他继续开始上门推销，免费赠送百洁布。这一推销方式的改变，果真使科克斯的销售业绩节节攀升，并顺利拥有了百洁布这一专利。

所以在遭遇失败和挫折时，先不要心慌，也不要急于责怪他人，先看自己，反思失败的原因和经验才是关键。因为要控制自己，超越自己，就必须先学会在失败面前先看自己。一个人之所以能够不断地进步，也在于他能够不断地自我反省，而不是随随便便地甘于命运的摆布或是认定他人的错误。唯有如此，你才能在失败中进行修正、日臻完善。

只要不放弃，就不是定局

二十多岁的年轻人，因为人生的画卷尚未展开，所以往往一帆风顺，没有经历过什么失败。也正因为太过于顺利，使得二十多岁的年轻人往往很脆弱，经不起失败的打击。这样柔弱的状态，当然是十分危险的。如果你想成为一个成功者，就得承受失败带给你的种种压力。

对于有信心的人来说，失败往往是把压力转为动力的源泉，他们不会说自己失败了，只会说：我离成功又近了一步。他会把所有的失败抛在脑后，认真地思考失败的缘由，努力地为下一次成功奠定基石。

出身贫寒的松下，年轻时到一家电器工厂去谋职，这家工厂人事主管看着面前的小伙子衣着肮脏，身体又瘦又小，觉得不理想，信口说："我们现在暂时不缺人，你一个月以后再来看看吧。"这本来是个推辞，没想到一个月后松下真来了，那位负责人又推托说："过几天再说吧。"隔了几天松下又来了，如此反复了多次，主管只好直接说出自己的态度："你这样脏兮兮的是进不了我们工厂的。"于是松下立即回去借钱买了一身整齐的衣服穿上再来面试。负责人看他如此实在，只好说："关于电器方面的知识，你知道得太少了，我们不能要你。"不料两个月后，松下再次出现在人事主管面前："我已经学会了不少有关电器方面的知识，您看我哪方面还有差距，我一项项来弥补。"这位人事主管紧盯着态度诚恳的松下看了半天才说："我干这一行几十年了，还是第一次遇到像你这样来找工作的。我真佩服你的耐心和韧性。"于是松下幸之助这种不轻言放弃的精神打动了主管，他得到了这份工作，并通过不断努力逐渐成为电器行业非凡的人物。

松下的成功告诉我们，失败不仅是一次挫折，也是一次机会，它使你找到自身的欠缺，不轻言放弃，补上这一课，就成功了。

古往今来，很多成功者都是"精神胜利"大师，愈是成大业者，其精神的力量愈是强大。因为人生旅途，失意难免，挫折难免。失败者在挫折面前会很快放弃而出局。而成功者不是没有低潮，但他们绝不会让自己在低潮中"呆"得太久。

耐基克里蒙·史东是美国"联合保险公司"的董事长，美国最大的商业巨子之一。被称为"保险业怪才"。史东幼年丧父，靠母亲替人缝衣服维持生活，为补贴家用，他很小就出去贩卖报纸了。有一次他走进一家饭馆叫卖报纸，被赶了出来。他趁餐馆老板不备，又溜了进去卖报。气恼的餐馆老板一脚把他踢了出去，可是史东只是揉了揉屁股，手里拿着更多的报纸，又一次溜进餐馆。那些客人见到他这种勇气，终于劝主人不要再撵他，并纷纷买他的报纸看。史东的屁股被踢痛了，但他的口袋里却装满了钱。面对困难不放弃，不达目的绝不罢休——史东就是这样的孩子，后来也仍是那种人。

我们可以看到，不放弃是一种韧性极强的力量。在很多情形下，不放弃的力量可能比知识的力量更强大，因为只有在有希望的背景下，知识才能被更好地利用。一个人，即使他一无所有，只要他不放弃，就可能拥有一切。而一个人即使拥有一切，却不拥有希望，那就可能丧失他已经拥有的一切。

西部“牛仔大王”李维斯的西部发迹史同样充满坎坷，充满传奇。他的制胜“法宝”是：每当受到挫折，遭受打击时，绝不抱怨，并且非常兴奋地对自己说：“太棒了！这样的事竟然发生在我的身上，又给了我一次成长的机会。凡事的发生，必有其因果，必有助于我。”

在追求成功的旅程中，如果我们真的遇到挫折、失意，乃至失败，那么就让我们像永远积极思维的“牛仔大王”李维斯一样，立即大声地对自己的潜意识说一句“太棒了！这样的事情竟然发生在我的身上，又给了我一次成长的机会”吧。

世事充满了戏剧性，伟大和平庸之间只有一步之遥。他们人生的过程都是一样的，跌倒了，爬起来，再跌倒，再爬起来，只不过成功者跌倒的次数比爬起来的次数要少一次，而平庸者跌倒的次数只不过比爬起来的次数多了一次而已。最后一次爬起来的人，人们就把他们叫做“成功者”。最后一次爬不起来，或不愿爬起来，不敢爬起来的人，人们就把他们定义成“失败者”。

二十多岁的年轻人，处于一生中最为意气风发的年龄，所以**我们必须有一颗永不服输的心，有一种愈挫愈奋的意志。**这样，内心就会升腾起一股勇往直前的勇气，从而也就不再抱怨上苍的不公。

如果你能这样艰苦卓绝地去做了，**虽然不一定都能达到理想的彼岸，不一定能够采撷到预想的果实，但这个心灵的激励，这个奋斗过程本身，就闪耀着无边无际的生命之美的光芒。**

成功需要多一点勇气

古罗马哲学家塞尼卡有句名言："真正的伟人是像神一样无所畏惧的凡人。"**坚忍不拔的勇气，是实现目标过程中不可缺少的条件，它也是开发抵御挫折潜能的必要条件。**勇气与追求的紧密结合，便开发出了百折不挠的巨大力量。

二十多岁的年轻人，最大的劣势是一无所有，但这同时也是最大的优势——没有什么需要在意的。满盘皆输又怎样？大不了从头再来，反正我年轻。只要你有勇气，就能够开创属于自己的成功人生。

一次偶然的相遇，一位叫马维尔的法国记者抓住机会采访林肯。问道："据我所知，上两届总统都想过废除黑奴制度，《解放黑奴宣言》也早在他们那个时期就已经草拟出来了，可是他们都没拿起笔签署它。请问总统先生，他们是不是想把这一伟业留下来，您去成就英名？"

林肯笑着回答说："可能有这个意思吧。不过，如果他们知道拿起笔需要的仅是一点勇气，我想他们一定非常懊丧。”马维尔还没来得及问下去，林肯的马车就出发了，他一直都没弄明白林肯这句话的含义。一直到林肯去世 50 年后，马维尔才在林肯致朋友的一封信中找到答案。马维尔在林肯的信中读到他幼年时的一段经历。

“我父亲想要在西雅图买一处农场。这个农场上面有许多石头。正因如此，父亲才得以以较低的价格买下。有一天，母亲建议把上面的石头搬走。父亲说如果可以搬，主人就不会卖给我们了，它们是一座座小山头，都与大山连着。于是大家再也没提过那件事。

有一年，父亲去城里买马，母亲带我们在农场里劳动。母亲说，让我们把这些碍事的东西搬走好吗？于是我们开始挖那一块块石头。不长时间，就把它们给弄走了，因为它们并不是父亲想象的山头，而是一块块孤零零的石块，只要往下挖一英尺，就可以把它们晃动。”林肯在信的末尾说，有些事情一些人之所以不去做，只是因为他们认为不可能。其实有许多不可能，只存在于人的想象之中。很多时候，我们只需要多一点的勇气，就能满载果实而归了。

读到这封信的时候，马维尔已是 76 岁的老人，就是在这一年，他正式下决心学汉语。3 年后，他来到了广州旅行采访，以流利的中文和孙中山对话。

勇气对于人的力量，就像一条逆流而上的鱼或一艘逆流而上的小船。它想要游到上游，到达目的地，它必须要有游上去的勇气，它一会儿冲过浅滩，一会儿划过激流，逆行瀑布，又穿过奔流的峡谷，它不停地前进，穿过山涧，游过峡谷，终于到达了上游，完成了自己的愿望。是的，它是成功者，因为它最终实现了自己的梦想，到达了上游，取得了最终的胜利。但是，是什么让它不停地前进呢？就是它的勇气。

而那些让我们失去勇气，那些阻碍我们去发现、去创造的，仅仅是我们心理上的障碍和思想中的顽石。如果你的世界消极无望，那是因为你自己消极无望。改变你的世界，必先改变你自己的心态。

想想你自己的人生经历。第一次拿起课本，看着上面密密麻麻的字，令人不寒而栗，但现在看来，原来是这么简单。

第一次拿起绳子，心想这可怎么个跳法呀！于是犹豫再三不肯跳。其实也不难啊，你现在一定这么想。

第一次学骑车，摔了两次便吓怕了，于是一直拖了好久还不会骑。而现在，却轻松自如地骑着车子到处跑。

许多事情看似困难，实则不然。与其害怕观望不如尝试行动，这样你会发现它原来是那么简单。不要忘了“世上无难事，只怕有心人”。

无论什么样的事，不试试、不行动，怎么能知道它是不是真的难做呢？既使你发现它真的很难做，那么你不去做而惧怕它，又怎么能做好呢？

其实，某些事真的不难。只是因为你觉得它太难，只是因为你不够相信自己。所以，任何时候都不要放弃希望，只有勇敢才能改变自己的人生。如果你在困难面前软弱了，就永远没有翻身的可能了。

德彪西很早就表现出了对新鲜事物的好奇心，在日常生活中，他不愿模仿别人的生活方式循规蹈矩、人云亦云。在音乐创作上，更是追求标新立异，超凡脱俗。

1872 年 10 月，10 岁的德彪西考入巴黎音乐学院，同时在马蒙泰尔的钢琴班和拉维尼克的理论班学习，后又随艾米·杜朗学习和声，随艾尼斯特·圭罗学习作曲。到 1874 年，德彪西已经能演奏肖邦 F 小调钢琴协奏曲并能像真正的艺术家那样对乐曲有了自己的诠释，与此同时，他也逐渐将他那天赋的叛逆素质表现在人们面前。在巴黎音乐学院，德彪西有幸聆听塞扎尔·弗朗克这位享誉当时乐坛的比利时作曲家的作曲课，但却与老师闹得不欢而散，中途退出，大有扰闹课堂、不敬师长之嫌。

原因是老师弗朗克看过德彪西的作曲作业之后大为不满，对着德彪西大声喊道："转调、要转调"，而德彪西此时也被激怒，用同样的声响回答："我对这种调性安排完全满意，为什么非转调不可？"班上同学被他的举动吓得目瞪口呆，不知这是否就是那位平时沉默、冷淡的德彪西，而德彪西本人则怨气难消，很长一段时间内他都将弗朗克戏称为"转调机器"。

在其他老师的课上，德彪西也依然是固执己见。艾尼斯特·圭罗老师的作曲课上，德彪西坐在钢琴面前悠然地弹出了一串奇妙的七和弦，并拒绝接受老师要他将此和弦解决的指令，为此，老师质问他这样胡闹的依据是什么？他的回答倒也坦率："我高兴"。

正是这种敢于坚持自己主张的精神，使得德彪西在音乐学院渡过了数次难关，并获得了多方面的赏识，在赢得了几次奖赏之后，德彪西于 1884 年获得了当时音乐界的最高荣誉——"罗马大奖"。

勇气就是这样，在绝境中创造希望，将不可能变成可能。它像一盏明灯，让你可以迎着心中的曙光，向它奋进；它是鼓舞人们奋发向上的内在动力，有了既定的奋斗目标，你便会在日常的生活中充满希望，不断以这个目标激励自己，爆发出一种无畏的拼搏精神；它是事业成功的关键，一个人没有了勇气就不知道该向什么方面努力，这样的人只会迷茫着，消沉着，因而浑浑噩噩、无所事事。

所以，二十多岁的你，丢了什么，也不能丢掉自己的勇气。血气方刚的你，要让自己勇敢些，再勇敢些！然后你的人生将因为你的勇敢而与众不同！

用你的乐观战胜挫折

命运总是那样的让人感触良多，它是无情的，让很多人向它屈服一生；它也是公正的，给了人们同样多的机会；它是强大的，使很多人向它低头；它是弱小的，曾被成百上千的人主宰；它是残酷异常的，肆意欺凌着弱小的生命；它是温柔无比的，常常给人以激励……在强者的眼里，命运是公正的、弱小的、温柔的、美好的；在弱者的眼里，命运是无情的、强大的、残酷的、可怕的。我们来到这个世界不是为了碌碌无为，而是为了属于自己的辉煌。

任何的幸福总不可能尽善尽美，但是只要你有一颗肯快乐的心，就一定能够感觉到幸福的存在。你必须掌控好自己的心舵，下达命令，来支配自己的命运，寻找自己的快乐。**只有具备了淡然如云、微笑如花的人生态度，任何困难和不幸才能被变为航道上助力的风。**

美国总统罗斯福年幼的时候曾患上过小儿麻痹症，而且一直影响了他的一生。很多人会因此而悲观，可是他却相反，最后以病残之躯当上了总统。他未当上总统之前，有一次家里被盗损失了很多财物。他的朋友安慰他，他写了一封信回复他的朋友，谈了三点：第一，这个小偷偷了东西，没有伤害人，是好事;第二，他只是偷了部分的东西，没有偷全部的东西，是第二件好事；第三，最重要的是，是他当小偷，不是我当小偷，这是更大的好事。

也许,这就是罗斯福跟常人的不同之处吧。我们的心态不同，所过的生活也是完全不同的。有一部分人很懂得调整自己的心态，他们始终在用一种乐观的态度看待自己的辛苦，他们有着良好的人际关系，有着健康的身体和美满的家庭，他们大多快快乐乐地过着高品质的生活；而有的人则是一天到晚忙碌也只能维持生计。这两种人他们最大的区别在哪呢?

只要你留心观察的话，那些“比别人过得好”的人总是能够保持更好的心态。他们很会苦中寻乐，他们也有烦恼、困难，但是他们能够自我调节，他们的乐观会影响周围的人，大家都保持着一份乐观的心态，都有积极的态度，成功就是迟早的事情了。而那些忙碌的人，他们也付出了很多，但是他们总认为他们的命运就是劳碌的，再怎么努力也不会成功，所以总是为自己找借口，甚至怨声载道。这样的人怎么能成功呢?苦中寻乐是一种生活态度，他能够让你保持一份自信和希望，让你从痛苦、贫穷和难堪中走出来，乐观是生命保鲜的良药。

金融危机袭来的时候，一位女作家在纽约街头看到一位卖花的老太太。这位老太太穿着相当破旧，身体看上去又很虚弱，但是她脸上满是喜悦。女作家挑了一朵花说：“你看起来很高兴。”“为什么不呢？好运时不时地来到我的身边。”“你很能承担烦恼。”女作家又说，然而老太太的回答令女作家大吃一惊。“耶稣在星期五被钉在十字架上的时候，那是全世界最糟糕的一天，可三天后就是复活节。所以，当我遇到不幸时，就会等待三天，好运之门就重新打开了。”卖花的老太太脸上洋溢着慈祥的笑。

“等待三天”，在这简单的话语后面是一颗多么朴实而又充满人生智慧的心啊。每个人的心，都好比一颗水晶球，晶莹闪烁。然而一旦遭遇不测，背叛生命的人，会在黑暗中渐渐消损；而忠实于生命的人，总是将五颜六色折射到自己生命的每一个角落。只要我们有善于发现快乐的心，在困境中依然保持一份积极的心态，那么好运必定会重新来到你的身边。

有一位印第安父亲打算对一对孪生兄弟做“性格改造”，因为他觉得其中一个过分乐观，而另一个则过分悲观。

为了让他们学会感受生活的全部，这天，他买了许许多多的新玩具给悲观孩子，又让乐观孩子去了一间堆满马粪的车房里。第二天清晨，父亲看到悲观孩子正泣不成声，便问：“为什么不玩那些玩具呢？”“玩了就会坏的。”孩子仍在哭泣。父亲叹了口气，走进车房，却发现那乐观孩子正兴高采烈地在马粪里掏着什么，“爸爸，我们一起来找吧。”那孩子得意扬扬地向父亲宣称，“马粪堆里说不定还会有一匹小马藏着呢！”

乐观的人和悲观的人的心态就好比两副截然不同的眼镜，他们两种人都戴着各自的有色眼镜来看待事物。悲观的人的特征是对于坏事情和坏消息极为敏感、有偏爱。他们会倾向于认为好运是暂时的，是因为自己偶然撞了大运，下次就不会这么幸运了，所以好运并不能使他们快乐，反而平添了忧虑。而一旦发生坏事后，他们认为都是自己的过错，发生的坏事一定会持续很久，并且会毁掉一切。

而乐观的人刚好相反，他们对好事和好消息有偏爱、敏感，倾向于夸大好事和好消息的作用。他们倾向于认为好运常在，自己就是一个经常走运的人，命运之神偏爱自己，因此他们的好心情持续时间很长。当他们遇到厄运时,会认为失败是暂时的，且都有它的原因，不是自己的错，可能是环境、坏运气或其他因素带来的后果。之后的行为方式往往也就在这里定下了基调。

这就是不同心态的人对待好运的两种截然不同的方式，也决定了一个能够时常发现周围的好运，并且得到更多的好运，而另一个只能越来越跟好运“绝缘”了。

古希腊的先哲阿基米德曾信心十足地向人们宣布：只要给我一个支点和一根足够长的杠杆，我就可以撬起地球！宣言中蕴涵着无穷的勇气，表现出战胜自然的强烈愿望，重塑了自我的乐观情绪和超越自我的追求。即使在面对罗马士兵长刃的时候，他依旧显得十分的平静——在追求数学的卓越面前，即使死亡也不会让这位先哲有丝毫的消极。

诚然，在强大的自然面前，人类是渺小的。然而几千年来，人类正是凭着这种强烈的追求，这种坚定的信念，这种高昂的情绪，打破了与生俱来的限制，战胜了不足和弱点，取得了一次又一次跨越！**如果你想改变你平凡的人生，你想获得成功，成为命运的赢家，那么你需要矢志不渝地用心去做。需要怀着不畏艰险、不达目的决不罢休的乐观信念，全身心地投入自己的思想和情感，积极进取，锲而不舍。**

只找方法，不找借口

如果你去接近成功人士，就会发现，他们都是经历过那么多的失败之后才成功的。**面对失败时的两种选择，决定了你往后的成功与否**：一种是为了下一次的成功去总结失败的教训与找出成功的方法；另一种是为自己失败找寻一大堆的借口与理由，来解释自己的失败。**不同的态度会导致不同的结果，为成功找方法的人最终获得了成功，为失败找借口的人依然在失败。而那些最成功的人，往往都是最重视找方法的人。**

李嘉诚的名字可谓家喻户晓。他之所以能够做得那么成功，是有一定原因的。从打工的时候开始，他就是一个通过找方法去解决问题的高手。

他先是在茶楼做跑堂的伙计，后来应聘到一家企业当推销员。做推销员首先要有好体力，这一点难不倒他，以前在茶楼成天跑前跑后，早已锻炼了他的体力，可最重要的，还是怎样千方百计地把产品推销出去。

有一次，李嘉诚去写字楼推销一种塑料洒水器，一连走了好几家都无人问津。一上午过去了，一点成绩都没有，如果下午还是毫无进展，那回去将无法向老板交代。

尽管推销颇为艰难，他还是不停地给自己打气，精神抖擞地走进了另一栋办公楼。他看到楼道上的灰尘很多，突然灵机一动，没有直接去推销产品，而是去洗手间，往洒水器里装了一些水，将水洒在楼道里。十分神奇，经他这样一洒，原来脏兮兮的楼道，一下变得干净了许多。这一来，立即引起了主管办公楼的有关人员的兴趣，就这样一下午他就卖掉了十多台洒水器。

在做推销员的整个过程中，李嘉诚十分重视分析问题和总结方法。这样一来，获得的收益自然要比别人多。

同样在美国也有这样一个善于找方法的成功者。

许多年前，美国兴起石油开采热。有一个雄心勃勃的小伙子，也来到了采油区。但开始时，他只找到了一份简单枯燥的工作，他觉得很不平衡：我那么有思想，怎么能只做这样的工作？于是便去找主管要求换工作。

没有料到主管听完他的话，只冷冷地回答了一句："你要么好好干，要么另谋出路。"

回来以后，他突然有了一个感觉：我不是很有思想吗？那么为何不能就在这平凡的岗位上想办法成功呢？

于是他对自己的那份工作进行了细致的研究，发现其中的一道工序，每次都要花 39 滴油，而实际上只需要 38 滴就够了。

经过反复地试验，他发明了一种只需 38 滴油就可使用的机器，并将这一发明推荐给了公司。可别小看这 1 滴油，它给公司节省了成千上万的成本！

你知道这位年轻人是谁吗？他就是洛克菲勒，美国最有名的石油大王。

这个故事再次告诉我们：只要你处处留心，注意找方法，那么人人都能成为成功者！处处都是成功的良机！

成功者重视找方法，而那些失败者总是习惯找借口，好像所有的失败都与他们无关，都是外在条件和客观环境造成的结果。然而找借口是一种很不好的习惯，二十几岁的年轻人应该明白这个道理。

所以，我们在遇到困难的时候，一定要记得这句话：只为成功找方法，不为失败找借口。用这句话来警示自己，世界上没有解决不了的困难，只要积极去想方法，一定能解决任何困难，也只有积极找方法的人，才能为公司做出更大的贡献，才能得到更大的成功。

有一位刚毕业的小伙子，因为学校是名牌，学的是新闻专业，形象也很不错，被北京一家很知名的报社录用了。但是他有一个很不好的毛病，就是做事情不认真，遇到任何困难总是找借口推卸自己的责任。

一天，报社特别忙，突然有位热心读者打电话过来说在一个地方有特大新闻发生，请报社派记者前去采访，但是报社别的记者都出去了，只有他在，办公室领导只有派他独自前往采访。没多久他就回来了，领导问他采访的情况怎么样？他却说："路上太堵了，等我赶到时事情都快结束了，并且已经有别的新闻单位在采访了，我看也没什么重要新闻价值了，所以就回来了。”

领导很是生气地说：“北京的交通是很堵塞，但是你不知道想别的办法吗？那为什么别的记者能赶到呢？”

小伙子急得红着脸争辩道：“路上交通真的是很堵，再说我对那里又不是特别熟悉，身上还背着这么多的采访器材……”

领导心里更有气了，心想：我要你去采访，你不但没完成任务，还有这么多的借口，那以后怎么让你工作。于是说道：“既然这样，那你另谋高就好了，我不想看到公司员工不但没有完成公司交给他的任务，反过来却还有满嘴的借口和理由，尤其是我们新闻工作者，我们需要的是能够接到任务后，不管任务有多么艰巨，都能够想方设法把任务完成，并且还比别人做得更好的人。”

就这样，小伙子失去了令许多人羡慕不已的好工作。

在我们的生活与工作中，像这位小伙子遇到问题不是想办法解决，而是四处找借口来推脱的人并不少见，但是他们这样做所带来的结果就是不仅损害了集体的利益，也阻碍了自己的发展。

然而一个真正的成功者，一个真正优秀的人是只会为成功找方法，而拒绝寻找任何解释与借口。所以，二十几岁的年轻人要以自己的信心、勇气及全部的努力向一切困难挑战，为成功找方法，不为失败找借口，这样你最终能收获成功。

在异样目光下坚持自我

如果你曾经有过“离经叛道”之举，一定非常清楚，当你与众不同时，别人都会用“怪人奇葩”的目光全身上下扫视你。

这时候你真的可以泰然自若吗？你真的能够承受众人异样的目光吗？在这种目光下你还能够坚持自我吗？

很多时候，我们内心的满足来自于别人目光折射回来的色彩基调。当世人投以羡慕的眼光时，我们便因感到自己是幸福的而倍加满足。可是当我们把“别人的目光”作为终极目标时，就会陷入一个怪圈。如同童话里的红舞鞋，漂亮、妖艳而充满诱惑，一旦穿上它便再也无法脱下。我们疯狂地转动舞步，一刻不停，尽管内心充满疲惫和厌倦，但脸上依然还要挂着幸福的微笑。当在众人的喝彩声中终于以一个优美的姿势为人生画上句号时，才发觉这一路的风光和掌声带来的竟然只是说不出的空虚和疲惫，这是多么可悲的一件事。

在一切都可以模式化，都可以流水线的当代，在大众快餐文化已然占据主流文化的今天，我们更应该坚持与众不同。与众不同不仅是一种个性，一种气质，更是一个人思想和原则的最佳体现。试想，若是所有的人都随波逐流、人云亦云，若是所有的人都与众相同，千人一面，那将是多么可怕的场景？

只是，坚持自我是需要勇气的。你当然会遭遇到无数的阻力，这时候你会怎么做？

美国工商巨子保罗·盖蒂曾经说过："真正成功的商人，在本质上是一个持异议的叛徒，也极少满足于维持现状。他不断去寻找成功的最佳方法，开拓最新的领域，因此创造了他的成功和财富。"保罗认为，那种柔弱的、人云亦云的、墨守成规的人很少能够在商业界获得成功。他始终按照自己的意志我行我素。

在 20 世纪 30 年代的美国，大多数人都疯狂地抛售股票，而保罗的信念则是"众卖我买"。他决定趁危机的机会大量收购某一大型综合石油公司的股票，以达到控制这家公司从而最终创建一家自己的石油企业的目的。然而，保罗的亲戚、朋友，更不用说保罗的竞争对手，都认为保罗一定是疯了。特别是在那个时候，买一家大型综合石油公司，那简直是不合情理，是"异端"，是违反商场上的规律和已经建立起来的秩序。

但是，保罗就是保罗，他对这些肤浅之见嗤之以鼻，不屑一顾。他不仅先动用个人的资金来购买股票，还充分展开外交攻势，说服其父乔治·盖蒂公司的董事们也来购买，还克服了母亲的阻挠最终取得了成功。随着股票的复苏，保罗在 30 年代中期购买的股票成了保罗家族财富兴旺的基础。保罗家族的财富增长了好几倍。

商业上是这样，人生也是如此。**盲目跟随别人，那样将永远落后，永远呼吸不到新鲜的空气。**但是还是有无数人盲目追随在别人后面，不肯去寻找属于自己的道路。因为人这种社会性的动物总是觉得有别人在的地方才安全。可是，总是跟在别人后面跑的人，永远跑不到前面。这样的人，终其一生都只会默默无闻。

当然，跟着别人一起走很省力，看起来也没什么危险。前面有人开道，后面还有人继续，毫不费力就可以向前。可是你可曾用过脑子？保持自我的本色，用自我创造性去赢得一个新天地，才会让你的生命更有意义。

你需要做的是展现出你的个性，你的特点，不要去管别人。他们是他们，你是你。要想成为一个独立的个体，就要坚强到能承受来自各方面的各色眼光。我们当然不能要求每个人的眼光都与自己相同，所以只要一心想着我们期望达到的目标效果即可，而不必过于顾虑来自周围各式的议论。等功到自然成的时候，议论自然也就止息了，而质疑的目光也会因此而改变。

当年高查尔斯想兴修巴拿马运河，一时间人们对这个壮举议论纷纷，毁誉不一，有人夸奖他勇敢坚毅，有人骂他异想天开，但是他对于这些毁誉一概置之不理，只管埋头苦干，有人问他对于那些批评有何感想时，他回答得十分恰当，他说："目前还是做我的工作要紧，至于那些批评，日后运河自会答复！"

运河果然如期筑成了，一时又是人声鼎沸，但现在却是众口一词地争相夸奖他了。他自己如何呢？他会站在第一艘试新船上，在群众的欢呼声中，通过自己亲手完成的水闸吗？他没有那样做。

一位前来参观揭幕典礼的英国外交官事后写信给朋友说："高查尔斯并没有乘坐第一艘试新船，他只在克里司特北面看着船开过。后来，我们又在加东湖和米得尔看见他穿着衬衫站在水闸上，观察开关水闸的机器船过来时，约翰·贝勒特原想对他高呼万岁，但不等他喊到第二声，他已经走开了。”

坚定不移地走自己的路，不去管身边那些喧闹的声音。他可以做到，你也可以，只要你一直在努力让自己拥有一颗强大的心灵。

在面临人生的十字路口时，有人徘徊，有人决绝，有人半途而废，也有人勇往直前。在抉择前，是坚持自己的方式，还是被扼杀在别人的目光下？我们可以参照别人的方式、方法、态度来确定自己的行动方略，但万不可生活在别人目光的阴影下。

很多人太容易接受别人给自己的负面评价，而这几乎是人生最大的不幸。对于许多白手起家的成功者来说，他们选择了另一条道路。他们就是不相信那些贬低他们，而且是反复贬低他们的人。他们有远见、有勇气、有胆量地向老师、教授、业余批评家和教育测试中心所给出的评价进行挑战。他们有一种后天获得的挫败恶意批评者过激言论的能力。这种心理盔甲是他们在青少年时期就开始锻造的。一段时间后，他们的免疫系统更具抵抗力。为什么呢？因为这些成功人士，即使在他们后来，仍然不断地反抗各种批评者和权威人物的负面评价。

每个人都应该有自己的生活方式与态度，都应该有自己的评价标准。如果为了取悦他人而一味地满足他人的价值观，那个真实的自己就会逐渐离我们远去。**一个活在别人标准和眼光之中的人是痛苦而悲哀的，他们从来都不曾体会过由自己亲手设计命运的快乐。可以说，只有全面而真实地活出自我，才不会盲目和迷失，才不会被他人的目光一层一层缠绕窒息。不管那个他人有多强大，你都要相信自己的力量。**

第九章

这十年，你如何让自己不掉队？

反省会让你更优秀

也许是出于天性的原因，似乎人人都懂得自加，却很少有人懂得自减，总是认为自己说的做的都是对的，都是有道理的。**“长于责人，拙于责己”或以“自我为中心”似乎是现代人的通病。也正因为如此，懂得反省的人会更优秀。**

彼得·巴勒曾经说过：“看清别人容易，看清自己困难。”如果你想要看清自己，你一定要懂得自我反省，通过自我反思达到成长和进步。一个人之所以能够不断地进步，在于他能够不断地自我反省，找到自己的缺点或者做得不好的地方，然后不断改正，从而取得一个又一个的成功。

反省之所以会有这样的功效，是因为它是我们对自己以往的工作做出的一种思考、总结，并从中寻求一种进步的经验和经历。其实反省是一种与直观相对应的能力。直观是指不借助于任何中介就达到对事物本质的认识，而反省则需要借助一定的中介来认识事物。也正是这样一种中介，让我们有了总结经验、吸取教训的机会，比起直观的感觉往往更加深刻。所以，反省对人生进步的促进作用往往更加巨大和明显。

反省其实就是一种“升级力”。在工作中，反省的过程就是一个学习的过程。有没有自我反省的能力、具不具备自我反省的精神，决定了你能不能认识到自己所犯的错误，能不能改正所犯的错误，是否能够不断地学到新东西。所以我们必须学会通过认真地反省，反省自己以前的工作经验，纠正工作中出现的失误，才能不断进步，不断提升职场的竞争力。

哈里毕业后，进入一家地产企业工作。这家企业对于新晋的员工，一般都安排他们从最普通、最基层的工作做起。许多同哈里一同工作的新员工都在抱怨：“为什么让我们做这些无聊的工作？”“做这种平凡的工作会有什么希望呢？”但哈里却一言不发，他希望能从这些最基层的工作中努力学到些什么。于是，哈里开始做一个工作中的有心人，他对自己的工作有一个详细的记录，做什么事情出现问题，他都记录下来，或者虚心地去请教老员工，或者自己认真思考新的解决办法。通过一年时间的工作反省，哈里掌握了基层的全部工作要领。很快他就被提拔为车间主任，又过了一年，他就成了部门经理。而与他一起进去的其他员工，却还在基层抱怨着。但他们却始终不明白，为什么就只有哈里晋升得这么快？

当时，哈里并不满足于成为一个部门经理，在地产业获得一定发展之后，和大多数人一样，他开始想着要卖出那些昂贵的大型房产。后来他感觉到，对于一个新手来说，这几乎是不可能、不现实的。后来哈里索性花了一段时间，什么都不做，开始反省和思考如何从这个生意里赚钱。通过反思和研究，哈里终于找到了自己的前进方向，“我决定开发那些几乎没有人开发的价值 35000 美元左右的房产。这些低价房产很容易就可以卖出去，我就能很快开始下一宗交易。”通过反思，哈里开始转战本市的低价房产，他卖出的房产越来越多，当他声名鹊起之后，便开发那些高档房产。后来，他成为了一位成功的房地产开发商，拥有自己的公司。有一年，他还被美国《美好家园》杂志评为最高产的开发商。后来，当哈里回忆起自己的成功历程，还是忘不了几次重要的反思过程对他人生所起的重要作用。

的确，我们每个人在事业的前进、人生的发展过程中，都应当要保持一种自我反省、自我修正的态度，并以不断追求去实现自己美好的愿景。**人生路上，遭遇挫折、遇上低谷都是常有的事。在这种时候，反省能力和自我反省精神能够很好地帮助你渡过难关，迎接新的挑战。**曾子曾说“吾日三省吾身”，对于一个登上人生巅峰的人来说，不应当仅限于一日三省吾身、四省吾身，而是应该时时刻刻警醒、反省自己，唯有如此，才能时刻保持清醒，才能逐步获得进步，也才能捕获人生的成功。

著名的经济学家凯恩斯，同时也是华尔街投资公司的高级顾问。他的一生非常成功，年纪轻轻就已经是百万富翁了。当记者问其成功之道时，凯恩斯说：“我有一个习惯，喜欢为自己制订计划。计划包括每一年的计划，也包括每个月的计划，甚至还落实到每一天。可以这样说，我之所以能够取得成功，这些计划起到了非常重要的作用。”

记者问：“计划？怎么利用这些计划呢？”凯恩斯说：“只有计划还是不行的，还要严格地执行计划，这就涉及到自我反省。我每天都要反省，看一看今天有什么收获，有什么地方做得不好。

凡是没有做好的地方，必须想办法弥补回来。同时再想一想今天的成绩，用它们来鼓励自己继续努力。同样的方法，每一个月，每一年都要做这样的反省。”

法国牧师纳德兰塞姆去世后，安葬在圣保罗大教堂，墓碑上工工整整地镌刻着他的手迹：“假如时光可以倒流，世界上将有一半的人可以成为伟人。”一位智者在解读兰塞姆手迹时说：“**如果每个人都能把反省提前几十年，便有50%的人可能让自己成为一名了不起的人**。”

虽然他们的说法有异，但实质上阐述的都是反省之于人生的重要意义。与其等到年华老去的时候感叹，何不从现在开始反省自己呢？趁着我们的人生正处在进行时状态，多汲取他人的意见，不断在自省中进步吧。

也许你的工作非常普通，也许你的经历非常平凡，但无论如何，请不要忘记从这些普通而平凡的事情中寻找反省的契机。善于反省之人，往往能够对自己形成一个客观评价。这种评价，既能看到自己的长处，又能对自己的短处、过失有一个明晰的了解，从而改进自己。唯有这样，才是真正的有成效的自我反省。请记住，反省是冠军的早餐，也是我们每一个人不断进步的源泉。

要感激别人对你的批评

虽然在我们的人生中，某些时候应该坚持走自己的路，无视他人的目光。但为了让自己的步伐迈得更稳健，我们应该认真倾听别人的批评，并且感激他们。

因为我们每个人都有缺点和弱点，都会犯错，都有自己不擅长的领域。所以，为什么不静下心来汲取他人的批评，让自己获得提升呢？

在罗斯福任美国总统期间，当他去打猎的时候，他会去请教一位猎人，而不是去请教身边的政治家；反之，当他讨论政治问题的时候，他也绝不会去和猎人商议。

传说有一次，他和一个牧场工头外出打猎，他看见前面来了一群野鸭，便追过去，举起枪来准备射击。但这时那个工头早已看见树林中还躲着一头狮子，忙举手示意罗斯福不要动，罗斯福眼看野鸭快要到手，于是对他的示意没有理睬。结果，狮子在树林中听到枪声后跳了出来，窜到别处去了。等到罗斯福瞧见，再赶紧把他的枪口移向狮子时，已经来不及开枪，只好眼睁睁地看着它逃跑了。牧场工头立刻瞪着眼睛，向他大发脾气，骂他是个傻瓜、冒失鬼，最后竟还说："当我举手示意的时候，就是叫你不要动，你连这点规矩也不懂吗？"

面对牧场工头的责骂，罗斯福竟然"逆来顺受"，并且以后也毫不怀疑地处处对他服从，好像小学生对待老师一般。他深知在打猎问题上，对方确实高他一筹，因此对方的批评于他确是有益处的，所以，要感激别人对自己的批评。

接受别人的批评，不能在乎对方的身份高低，要对事不对人，只要是好的意见，我们都要能虚心接受。不过，人都喜欢生活在鲜花和掌声中，没有人喜欢批评。**面对指责批评，人们往往感到不悦、难受，甚至抵触。但其实很多时候，我们要感谢那些批评自己的人，是他们让我们在迷惘中得到点拨，所以，尽管我们不喜欢批评，仍懂得感激别人对我们的批评。**

乔治曾经是维也纳一名较有名气的律师，可是由于当时发生了第二次世界大战，他被迫逃到了瑞典，从此开始了一文不名的生活。

乔治深知，他必须要找到一份工作，否则无法维持生存。乔治的外语非常好，能说并能写好几国语言，所以他希望能够在一家进出口公司担任秘书的工作。然而，几乎所有的公司都回信告诉他，因为正在打仗，他们不需要这样的职位，不过他们会把他的名字存在档案里，如果以后有需要会通知他……

可有一家公司的回信却令乔治十分气愤，信中写道："你对我生意的了解太少了，完全不理解这个工作的性质，就连用瑞典文写的求职信也是错洞百出，我们根本不需要任何替我写信的秘书，即使需要，也不会请你。"

乔治当即回信准备反驳并痛斥那个发信人一顿。可是信写了一半，他就停了下来，心想思考着：“也许这个人说的也不无道理。我修过瑞典文，可是这并不是我家乡的语言，也许我确实犯了许多我并不知道的错误。如果是这样的话，那么我想得到一份工作，就必须再努力学习。虽然他用这种难听的话来表达他的意见，但是对我是一个帮助。我应该做的，不是回信谩骂，而恰恰是要感谢他呀。”

于是乔治又重新开始写感谢信：“您在百忙之中能回信给我，并且指出了我的很多错误和不足之处，这对我实在是太好了。对于我把贵公司的业务弄错的事，我觉得非常抱歉。我之所以写信给您，是因为我听说您是这一行的领导人物。我并不知道我的信上有很多文法上的错误，我觉得很惭愧，也很难过。我现在打算更努力地学习瑞典文，以改正我的错误，希望有一天能用正确无误的瑞典文再一次写求职信给您。”

出人意料的事情发生了，几天后，乔治再一次收到了那个人的来信，他请乔治去他们公司一趟。乔治应约前往，并最终得到了一份梦寐以求的工作。

对于那些批评和指责你的人，你的态度会是怎样呢？愤怒、不屑，还是反驳？请不要这样做，因为能够指出你错误的人恰恰是最值得感谢的人，因为他们给你提供了一次可以改掉缺点、完善自我的宝贵机会。乔治因此而得到了一个理想的工作，如果你能做到，也许受益还不止如此。

感谢别人的批评，即使自己并没有做错什么，别人因为误会对我们做出什么批评，我们也应该报以感谢，因为批评是如此可贵。在这一点上，一位好莱坞明星给我们做了一个示范。

有一次，他走向摄影棚，在一部影片中扮演一个流浪汉。他边走边思考剧情，忽然他的头脑中冒出一个灵感：如果将纽扣上下扣反，不是可以强化流浪汉潦倒的形象吗？

他当即将纽扣上下扣反，并问随行的同事效果如何？同事都说效果很好。

这时，一个年轻人注意到影星的纽扣，马上跑过去提醒说："先生，你的纽扣扣反了。"

影星低头看看纽扣，好像他刚注意到这件事一样，连声向年轻人道谢："的确如此，谢谢你的提醒，谢谢！"边说边将纽扣扣好。

年轻人心满意足地离开了。

这时，同事问他："你为什么不告诉这个自作聪明的小伙子，你这样做是出于工作需要？"

影星说："如果他知道自己发生了误会，下次看到我的不足时，就会感到犹豫，怀疑是他看错了而我是对的，那么我将失去听到批评和好建议的机会。"

可见，聪明的人绝不把别人的批评想象成敌意。在他们看来，别人的批评和建议是一种智力产品，却捧过来供自己免费挑选，这不是天底下最便宜的事情吗？即使别人的批评和建议是错的，也是能让自己听到一些不同的想法的，对自己来说也是有益的。所以，他们会以感激之情接受别人的批评和建议。

俗话说"良药苦口利于病，忠言逆耳利于行"，感谢那些批评自己的人吧，这是一种良好的处世心态。对正确的批评，我们笑纳，体现海纳百川的气度；对不正确的批评，我们宽容，反思，进一步验证自身的正确。

感谢那些批评自己的人吧，相同的意见或被别人表扬，充其量只能让自己获得虚幻的快乐，心里高兴一下，无益于其他，而不同的意见，严厉的批评，决绝的反对，才能让自己检视自己，取得进步。

让危机感催生紧迫感

有一个道理是我们都懂的：做事应该未雨绸缪，居安思危，这样在危险突然降临时，才不至于手忙脚乱，但是很多人做不到。经常会有人抱怨没有机会，然而当升迁机会来临时，很多人却遗憾自己平时没有积蓄足够的学识与能力，以致不能胜任，只能后悔莫及。

你需要明白：一个享受充裕时间的人不可能挣大钱，要想悠闲轻松就会失去更多挣钱的机会。如果今天你大把挥霍时间，那么明天被裁掉的一定是你；如果你满足于目前的成就，那么很快被人超越的一定是你；如果今天你抱着过去的荣誉不放，那么明天失去尊严的一定是你……

这个世界就是这么残酷，如果你进步缓慢，你就会被身边数以万计的人超过，你就会沦落到需要工作的、碌碌无为的人群里。

许多人碌碌无为的原因，在于他们没有意识到，在任何一个领域中达到专家水平的程度需要多久。这方面的许多研究表明，大约需要 5 到 7 年的勤奋工作才能达到某个领域的顶端。这就意味着一个人在 5 到 7 年内要全神贯注，坚定不移地提高自己，在必要的关键结果领域中做得越来越好，才能取得相应的成果和回报。

一只野狼卧在草上勤奋地磨牙，狐狸看到了，就对它说："天气这么好，大家在休息娱乐，你也加入我们队伍中吧！"野狼没有说话，继续磨牙，把它的牙齿磨得又尖又利。

狐狸奇怪地问道："森林这么静，猎人和猎狗已经回家了，老虎也不在近处徘徊，又没有任何危险，你何必那么用劲磨牙呢？"

野狼停下来回答说："我磨牙并不是为了娱乐，你想想，如果有一天我被猎人或老虎追逐，到那时，我想磨牙也来不及了。而平时我就把牙磨好，到那时就可以保护自己了。"

野狼抗拒被捕猎的利器，不是它那锋利的獠牙，而是它那超前的"紧迫感"。同样，那些不断得到加薪和升职的员工，并非是运气格外好，而是始终不肯松懈的紧迫意识。

对于我们的父辈来说，工作意味着"铁饭碗""长期饭票"。但是，今天我们所面对的职场，已经和我们父辈时完全不一样了。我们的"饭碗"已经变得很不稳定，竞争带来的危机充斥着生活的每一个角落，我们现在所从事的工作随时都可能失去。

不要说小公司的职员，即便你入了大公司，拿到了梦寐以求的高薪水，你依然有可能在一夜间失去这一切。

2007 年，IBM 公司计划年底前总共裁员 3720 人，而 2006 年，IBM 曾出台了一项 13000 人的裁员计划；摩托罗拉公司的裁员规模由 2006 年第四季度财报发布时的 3500 人扩大至 7500 人；阿尔卡特 2007 年年初宣布，公司将于未来三年内裁员 12500 人，目前这一计划正在实施中；戴尔公司也将在 2007 年内裁员 10%，约 8800 人;为了节约运营成本，增加竞争砝码，惠普裁掉了公司总人数的 10%，即 15000 人；联想召开电话会议并宣布将在美洲、亚洲、欧洲和中东削减 1400 个工作岗位……失业是一个全球性的问题，每个人都可以感受到它的压力。没有人不可替代，我们随时都有被裁掉的可能，事实就是这样。

面对这些数据，你依然没有危机感吗？如果你已经有了危机感，那么，就在此基础上给自己一些紧迫感吧。

要知道所谓成功，就是别人因为各种原因懈怠了，但你没有；当你所在的团队，所有人都开始松懈了的时候，只有你还在坚持不断进取。

想想看，你的竞争对手正虎视眈眈地盯着你的客户，竭尽全力地想把他们挖过去；同一楼层的同事和你一样，都对那份新的美差心动不已；而楼下新来的小弟小妹正觊觎着你的位置，他们才不管你是否已经准备好换个地方；你所处的行业也正接受其他对手的挑战。不管你从事什么职业，毋庸置疑的是，今天的世界上竞争无处不在，每一个人都想领先，为此不断努力学习。想要拥有良好的经济状态，就必须付出足够多的努力，你怎能没有紧迫感呢？

你可以关注一下竞争对手的工作情况，看看他们是怎样努力提高自己以避免被淘汰的，这样你就会有紧迫感，就会绷紧神经早做准备、多做准备，以免等到掉队时手忙脚乱。

年轻的我们，有那么多经验需要去学习，有那么多人脉需要去经营，怎么可能会有大把悠闲的时光呢？如果你真的有那么多时间，如果你觉得每天都无事可做，那么你需要反省一下自己了，需要好好考虑一下自己的将来了。

如果别人工作你也工作，别人休息你也休息，别人娱乐你也娱乐，那么别人得到什么，你也只能得到什么。要想得到别人得不到的东西，就要付出别人不愿付出的东西。**没有紧迫感就没有压力，没有压力就没有动力，没有动力就挖掘不出自己的潜力。如果希望自己在步入老年之后能对自己的人生和事业了无遗憾，现在就让自己紧张起来吧。**

永远都杜绝自满情绪

在人类奋斗的任何领域里，都有同样的教训：今天的胜利轻易就会变成明天的失败。1896 年首届现代奥林匹克运动会上马拉松冠军的成绩，只不过是 1990 年波士顿马拉松比赛的入围成绩，而 1990 年入围波士顿马拉松赛的人数多达 9000 人！

逆水行舟，不进则退，维持现状不过是虚话。在这个竞争激烈的世界里，周围强者环绕，你的对手、同行，无不兢兢业业，日夜奋战。他们深知为了取得优势就必须改善自己。**如果身边的人一日千里，而我们却选择原地踏步，两相对照，其实是等于拱手认输。所以年轻的你，根本没有资格拥有自满情绪。**

我们以工作为例，一般来说，自满情绪分为两种不同类型：一种是刚出校门的职场新鲜人，他们因为曾经的成绩优异而眼高手低；另一种则是经验丰富的老员工，他们因为业绩优秀，做事轻车熟路都感到自满。无论哪种类型的自满，都是你成长的绊脚石。

即便你已经有了丰富的工作经验，也没有理由自我满足。即便你有着多年的行业经验、出众的个人能力、卓越的业绩以及良好的业界口碑。但是，过去只能意味着结束，如果过于看重过去，过去也就成了包袱。也许正是这样，太多优秀人才，因为骄傲自满而抱憾离去。

部门经理威廉请求董事长给他一个面谈的机会，董事长立即腾出了时间见他。同时，在面谈时，没让他的秘书出席。

威廉牢骚满腹，想要倾吐一下心中积怨。“当你将你的心腹提升为工厂的厂长时，为何不把我提升为你的助手呢？”“我很想知道，他的资历没有我久，却获得了这份工作。我已经在这里工作 8 年了，而他只有 4 年而已。”

“你从未参加过公司提供的长达数小时的主管进修课程，其中包括一些在当地大学所开的免费夜间课程，而他则抓住每一分钟充电，做了每一件应该做的事情。”

“但是我曾经获得了不少经验。”威廉提出了异议，“8 年多了，对于我的工作我了如指掌。他曾经犯过愚蠢的大错，但我从来没有。”

“或许那就是你所犯下的大错，威廉。”董事长打断了他，“当然，我曾经让他尝试过许多他的构想，即使好几次我都怀疑他想要做的是否能完成。他曾经遭遇一些艰苦的危机，这一点我承认。但是我宁愿降低一匹快马的速度，也不愿意设法使一匹慢马加速。”

接着，董事长结束了谈话。“威廉，”他以柔和的语气说道，“你做事情总不会出错，但你从来不肯对周围环境保持警觉并随时做出反应。而这些，对我们来说非常重要。”

有两种人永远无法超越别人：一种人是只做别人交代的工作，另一种人是没有能力，做不好别人交代的事。哪一种情况更令人丧气，实在很难说。总之，他们会成为第一个被裁员的人，或是在同一个单调卑微的工作岗位上耗费终生的精力。威廉无疑是第一种人，他以为自己经验丰富，不会出错，所以就故步自封不求上进，这也正是很多人不能进步的重要原因之一。经验固然很重要，但时代在变，环境在变，资源在变，你当然也要改变。

事业的成功，不在于我们过去取得了多么令人羡慕的成就，而在于我们是否能够获得职业生涯的可持续发展。我们面前的每一天，都是崭新的，我们时刻会面临着新的工作环境，会遇到新的问题，这意味着我们过去的辉煌已经结束，必须时刻为新的开始做好准备。不管你现在有多成功，都只是暂时的，如果因为目前的小成绩沾沾自喜，就无法将小的成功变成大的成就，就很容易掉队。

终身学习，不断自我升级

有一句话是这么说的，最不可宽恕的是一个人晚上上床时还像早上起床时一样无知。该学的东西太多了，虽然我们出生时一无所知，但只有蠢人才永远如此。任何时候都不要满足于自己目前所知道的，这个世界上需要学习的太多了。

如果你以为自己知识丰富，不会出错，所以就故步自封不求上进，可能这就是你不能进步的重要原因之一。很多时候，那些我们引以为豪的优势，那些被我们视为理所当然的思想、习惯、行为、方式，或许早已成为阻碍我们前进步伐的陈规陋习。想想看，有多少你每天在做的事情是已经在今日这个飞速发展的社会中失去意义的？你还在为那些曾经的荣耀、成绩沾沾自喜？你该明白，这一切很快都会过去。居安思危，思则有备。一个人要想不退步，就必须保持进步。如果不想被人抛在后面，你必须坚持改善，丝毫不可懈怠。

一切都在变化，你甚至都不知道谁会是你的对手就被打败了。你认为传真机制造商曾经想到过 E-mail 会成为比传真更简易的沟通方式么？又有什么样的新技术正在酝酿之中，日后将会让 E-mail 过时得像一张废纸呢？即便你的现状看起来很好，你也不可以优哉游哉地过日子，大把的时间不是让你用来挥霍的，你必须抓紧一切时间不断为自己充电，时刻保持最好的状态，不断进步才能永远不被淘汰。

在这个学习型社会，知识更新的速度越来越快，加上互联网的发展，使得终身学习成为一种必然。在职场中，获得上司的“基本满意”、同事的“基本认可”、工作的“基本完成”已经远远不够了。一技之长是我们所必需的，坚持不懈的学习是我们所必需的，但想靠着一成不变的一项技能过活一辈子，最后只能落得个坐吃山空的下场。请记住：现代职场中，升级是人的生命线，安于现状只能让你最终被时代淘汰。

胡适先生曾经写过一篇文章，叫《差不多先生传》，文中所描写的“差不多先生”便是一个安于现状的典型。“差不多先生”凡事都是“差不多就行了”。有一次，火车定于 8 点 30 分开，他说：“8 点 30 分开和 8 点 32 分开，不是差不多么？”结果他迟到了，还埋怨火车不等他。又有一次，会计把千字写成十字，他又说：“千字比十字只多一小撇，不是差不多吗？”胡适先生在书中便感慨：“如果一个国家的人都向他学习，人人成了‘差不多先生’，那么该国从此就成一个懒人国了。”

职场上的发展，同样是这个道理。如果你事事以“差不多”的心态来对待自己，忽视了在职场发展的过程中适时升级，掉队和淘汰将是你不可避免的命运。**忽视职场的升级，导致一个又一个才华横溢的人迷失了方向而变得日渐平庸，导致了一批又一批前景似锦的企业失去了动力而走向没落。**

约翰毕业后便进入一家大型企业工作。他努力工作，并通过学习升级使职场技能有了很大的提高，工作业绩也十分突出。因为得到了管理层的赏识，第一年被提拔为策划部经理，第二年提拔为首席信息官。坐上首席信息官职位之后，拿着丰富的薪水，驾着公司配备的专车，住着公司提供的豪宅，约翰的生活品质也得到了很大的提高。然而，他的工作热情却一落千丈，一时失去了自我提升的动力，每天以“差不多”的心态对待工作。当一位挚友问约翰还有什么追求时，他说：“我应该满足了，在这家公司里，我已经达到了自己能够到达的顶点了。”忽视了对自我的升级和提高，约翰在企业中再也没有做出什么过人的贡献。一年时间过去，他所领导的各个部门业绩更是一落千丈。此时，约翰的朋友又善意地提醒了他：“应该上进一点了，不继续深造升级，又没有一点业绩，是十分危险的。”但约翰告诉这位朋友：“我是公司的功臣，公司离不开我，而我又没有可努力的目标，就这样得过且过吧。”在约翰的眼中，曾经的贡献远远重于未来的发展，而他此时又没有更高的目标，在工作岗位上这样安于现状无疑是最好的选择。

但现实真的如约翰想象的那样发展么？当然不是。在约翰又浑浑噩噩地过了半年之后，这一切开始发生变化。的确，公司有很多工作离不开他，但是他的表现实在太糟糕了，许多以前自己独有的能力又逐渐被人超越。老板开始动起了换人的念头，并积极寻找可以取代约翰的人选。终于在一个早上，当约翰像往常一样来到公司，优越感十足地迈进办公室时，便看到了桌上赫然摆着一份辞退通知书，这下子约翰自己也傻了眼。

在这个竞争激烈的社会，升级是人的生命线，不思进取、安于现状的结果只能是遭到社会洪流的淘汰。无论你的性格、习惯、细节、毅力以及其他因素多么适宜，只要你忽视了升级这一个重点，这些因素都无法起到积极作用。相反，一个对自己充满期待的人，会不断尝试拓宽自己相对狭小的知识面、延展自己有限的知识，把目光投向更高更远的地方，走的路自然也会比周围的人更远更开阔一些。

年轻的你一定要记得，当我们凭着一技之长而获得一份稳定的工作之后，忙于为生活为家庭的操劳而庸庸碌碌、渐渐忘记了深造自己时，就不要忘记提醒自己“升级技能”的时机又到了。大凡那些社会知名的卓越成功人士，都有一个共同的信念，他们对于人生的成就有着孜孜不倦的追求，他们总会记得在职场中适时地进行升级。

正如巴尔塔沙·葛拉西安在他的《智慧书》中写的那样：“在生活和工作中要不断完善自己，使自己变得不可替代。让别人离了你就无法正常运转，这样你的地位就会大大提高。”职场的发展中，你一定要警惕“差不多”和安于现状的侵蚀，时时刻刻提醒自己“升级技能，不做泛泛之辈”。升级是人的生命线，是我们职场发展的关键。所以，如果你想在职场中一直傲视群雄，就不要忘了自我深造、升级技能。

勤于动脑，勇于创新

所谓创新，就是淘汰旧的东西创造新的东西，是一切事物向前发展的根本动力。**不创新，不仅个人无法前进，社会也会停滞不前。**

在现代社会中，创新力是一种极为重要的竞争力。如果没有创新思维，我们将很难适应时代的发展。唯有创新，才能引领时代之潮流，才能挖掘大脑中的“第一金矿”，才能走出“山重水复”的困境。这种能力是我们人类最珍贵的精神源泉，也是最强大的进步动力。

2005 年 2 月，英国权威杂志《经济学家》调研部通过与全球 500 名商业领袖进行访谈而做出的一项最新调查表明，几乎 60% 的管理人员都把技术创新作为今后三年改变世界市场的唯一重要动力。而“缺乏创新”被确定为企业今后三年将要面临的三大风险之一。

其实，创新并不是什么神秘的事情，爱因斯坦发明相对论是巨大的理论创新，一个企业员工对产品的一个细节性的改进也是创新，可以说创新无处不在。

不过，想要获得创新能力，你一定不要忽视学习的效用。首先，学习让你明了这个领域是否还具有创新的潜力和可能性。众所周知，质疑精神对于创新至关重要。但要质疑基本原理，你就必须知道这些原理在讲什么，这些原理要说明什么。创造力不可能无中生有，即使它与传统观念截然相反，它依然需要了解那些传统观念到底是什么。而想要了解这些基本原理和传统观念，你的最佳选择便是学习。

美国实业家罗宾·维勒曾说过："我成大事的秘诀很简单，那就是永远做一个不向现实妥协而刻意创新的叛逆者。"而这位实业学家始终认为，通过学习获得知识，是你进行创新的基础。罗宾告诉我们：常常有人自认为想出了一个前所未有的创意，但结果往往是别人在很早以前已经提出过。之所以会产生这样的结果，一个很重要的原因便是他们在创新之前往往忽视了学习，忽视从学习中积累基本的信息。

无独有偶，在印度也有这么一个人。他被认为是有史以来最伟大的数学家之一，他几乎不与外部世界进行接触，因此完全不知道自己耗费大量时间"重新发现"了已经被西方数学界所解决的很多问题。想一想，在这其中他浪费了多少时间和精力？如果将这些运用到一些"尚未发现"的领域研究中，他将创造出多少真正的新成果？假如他事先对他研究领域的现状有所了解，那么这种无意义的尝试或许就可以避免，而且他还可以把他杰出的才能用在更深入，但绝非重复性的研究上。

无论是罗宾的正面启发，还是印度科学家的反面印证，都提醒我们一个道理:创新之前，请先通过学习，掌握必要的知识。

有一种观点认为，太多知识反而是件危险的事情，因为这容易使我们的思想受到许多既定理论的禁锢，从而很难获得自我的超越，这种看法不无道理。心理学西蒙顿通过研究后发现：历史上最富有创造力的人常常仅受过中等程度的教育。知识可能会阻碍我们的思考，使我们自成为自己已有知识或观点的奴隶而非主人。那么,我们又该如何摆脱这种困境,获得创造力呢?

你可能很难相信,解决方法仍然是学习,用学习去拥抱创新。此时的学习，同之前为创新奠定基础的学习不同。它要求你善于去学习其他领域的知识，或者需要运用其他思维方式掌握的知识。这样的知识，与你脑子里既定的知识将形成一种冲突或互补的作用，二者结合，对你创新力的发挥将产生更为巨大的作用。

一个软件开发公司中的故事，可以为我们说明这一切。在软件开发办公室中，几个计算机设计师正在完成一项工作，他们负责将软盘中的文件安装到硬盘中并进行更新。根据这些设计师学习的既定知识，他们将按照标准程序来执行这一操作，如从软盘中读写每个文件。而假如使用标准程序来更新整个系统需要花费 21 个小时，并且一旦此过程中出现哪怕一个错误，那么所有的步骤都得重新开始。看来一切也只好这么办了。这时这个办公室中有一位设计师同时学习了其他领域的计算机知识，他尝试“另类”的知识，从一个全新的角度解决了这个问题。他利用软盘和硬盘的物理特性来有效读写软盘的所有扇区，而不是费力地读写每一个的文件。这样一来，更新系统的时间一下缩短为 42 分钟，而且一旦出错可以随时重启。于是，一个本来需要两三天才能完成的工作在一天之内便顺利完工。这当中创新的方法发挥了巨大的作用，而从根本上看，其实还是知识起了基础作用。

用学习去拥抱创新，你需要在原有知识的基础上，涉猎一些不同领域、不同方向的知识。这些知识，对于开发你大脑的潜力，发挥你的创新力，将产生十分有益的作用。成功学家就认为，想要在创新中获得成功，除了知识别无他法。通过学习，通过知识的梳理，创新的想法应运而生，你的事业和人生也将获得新的生机。

我们继续来看美国实业家罗宾·维勒的故事。当年，罗宾还只是经营了一家只有十几个工人的小规模皮鞋工厂。那时全美短筒皮靴成为一种流行时尚，每个从事皮靴的商家都趋之若鹜地抢着制造短皮靴。但罗宾却深知自己的工厂规模小，根本无法跟强大的同行相抗衡。那么如何在市场竞争中保全自己的竞争地位并获得发展呢？

罗宾决定通过自身的管理学习和思考，来寻求发展机遇。通过相关的成本学和市场营销理论的学习和自己的思考，罗宾分析出当时的选择无非只有两种：一是在皮鞋的用料上着手。选用更好的鞋料，提高鞋料的成本，使自己工厂的皮鞋在质量上胜人一筹。然而这条道路在白热化的市场竞争中行走起来是非常困难的，自己的产品因为产量较小，其成本本来就已经到达了瓶颈阶段，再提高成本，无疑会使企业的发展雪上加霜。二是着手改革皮鞋款式，以创新取胜。通过设计出新花样、新款式来吸引顾客，也许可以为企业打开一条出路。就这样，罗宾通过学习和思考，给企业谋划了一条不同于其他企业的创新发展道路。很快地，市场上便掀起了一股购买罗宾制皮鞋的狂潮，这位好学的企业家也逐步在美国鞋业市场站稳了脚跟。

总而言之，当今社会已经进入了科技时代、信息社会，学习显得更为重要。勤于动脑，敢于创新的人，才能争取竞争的主动。虽然创新思维是潜伏在人类头脑中的金矿，但它绝不是什么天才的独特力量和神秘天赋。通过学习和思考，你可以为创新奠定知识基础，还可以进一步开发自己的创新思维，摆脱既定知识的禁锢。所以，从此刻起，请用学习去拥抱创新吧。

懂得借助他人的力量

“没有能力买鞋子时，可以借别人的，这样比赤脚走得快。”这句话也出自聪明的犹太人之口。在他们看来，一切都是可以靠借的，你可以借资金或借技术，也可以借人才。这些你需要用的东西都可以借。这个世界早就准备好了一切你所需要的资源，你所要做的仅仅是把他们整合起来，并用智能让他们有系统地运作。

的确，人的能力互有短长，你解决不了的问题，对别人而言或许就是轻而易举。他们也是你的资源和力量，所以不要羞于向别人寻求帮助。

某公司要招聘，报名的人很多，经过层层考试，最后只剩下三个人竞争这个职位。

为了测验谁最适合担任这个角色，公司出了一道怪题：请三名竞争者到果园里摘水果。

三名竞争者一名身手敏捷，一名个子高大，还有一名个子矮小。看来前面两个最有可能成功，但正好相反，最后获胜的竟然是那个矮个子。这到底是为什么？

原来这次考试是经过精心设计的，竞争者要摘的水果都在很高的位置，很多都在树梢。个子高的人，尽管一伸手就能摘到一些果子，但是毕竟有限；身手敏捷的人，尽管可以爬到树上去，但是树梢的一部分，他就够不着了；而个子矮小的人，毫无优势可言。

这位小个子的应聘者意识到这次招聘非同寻常，也许个个都是考官，也许处处都是考场，所以在刚进门时，他就很热情地和果园的守护老头打了招呼。他很谦虚地请教老头他是怎样摘这些树梢上的水果的，老头回答说是有梯子。于是他向老头提出借梯子，老头十分爽快地答应了。有了梯子，摘起水果来自然不在话下。结果他摘得比谁都多，因此他赢得了最后的胜利，获得了职位。

读完这个故事，你是否看出来了主考官在考什么？

在这个并非个人英雄主义的时代，你很难独自成功。很多人之所以觉得生活中充满了棘手的问题，是由于他只倚重自己的才华和能力，而不懂得去获取别人的帮助。这样往往让你自己事倍功半。你一定要记得你无法独自成功。有了别人的帮助，你才能更快地达成目标。

学会寻求帮助，是在学习型社会快速成长的法宝，是每个人都需要的能力。你可以寻求帮助的对象有很多，父母、老师、同学、同事，甚至是素不相识的陌生人。

有个世界船王叫洛维格，他拥有当时世界上吨位最大的六艘油轮，另外他还兼营旅游、房地产和自然资源开发等行业。

洛维格第一次做的生意，只是一艘破船的生意。他把一艘别人搁置很久，最后沉入海底的长约 26 英尺（约 7.9 米）的柴油机动船打捞出来，然后用了四个月的时间将它维修好，并将船承包给别人，自己从中获利 500 美元。

青年时期的洛维格在找工作时到处碰壁，搞得债务缠身，经常有破产的危机。但他始终没有跳出平常的思维，只能维持现状。就在洛维格快三十岁时，忽然间一个灵感激发了他的创业和致富的智慧。

他先后找了几家纽约银行，希望他们能贷款给他买一艘标准规格的旧货轮，他准备动手把它改造成性能较强的油轮，但是却遭到了拒绝，理由是他没有可以用来作为担保的东西，于是洛维格有了一个超越常理的想法。

他有一艘只能用来航行的老油轮，他将这条油轮以低廉的价格包租给一家石油公司，然后他去找银行经理，告诉他们他有一条被石油公司包租的油轮，租金可每月由石油公司直接拨入银行来抵付贷款的本息。

经过几番交涉，纽约大通银行终于答应了他的要求。

这就是洛维格超乎常人的思维。尽管他并无担保物，但是石油公司却有着很好的效益，其潜力很大，除非天灾人祸，石油公司的租金一定会按时入账。而且洛维格的计算非常周密，石油公司的租金刚好可以抵偿他银行贷款的本息。他的这种巧妙的空手道做法看似荒诞，但实际上正是他成功的开端。

他拿到了贷款就去买下他想买的货轮，然后自己动手将货轮加以改装，使之成为一条航运能力较强的油轮。他利用新油轮，采取同样的方式，把油轮包租出去，然后以包租金抵押，再贷到一笔款，然后又去买船，再去贷款。

就这样像神话一样，他的船越来越多，而他每还清一笔贷款，一艘油轮便归在了他的名下。随着贷款的还清，那些包租船也就全部归他所有。

洛维格的成功，最关键的地方就在于他找到了一种巧借别人的势来壮大自己的妙策。一方面，他将船租给石油公司，这样他就有了与这家石油公司业务往来的背景。银行得知有这样一家石油公司来替他背书，况且每月租金可以直接抵付利息，银行当然乐意将钱贷给他了。另一方面，他用从银行借来的钱再去买更好的货轮，然后再租给石油公司，然后再贷款。从这一点上讲，他又巧妙地利用借来的钱壮大了自己的势，如此下去，借的钱越多，租出去的船也就越多，而租出去的船愈多，其势就愈壮大，而势愈壮大，就可以获得更多的钱。就这样，钱就像滚雪球一样地涌入他的口袋，他当然就发大财了。

这样的事例真是不胜枚举。由此也得出了犹太人的一句经商名言："如果你有1元钱，却不能做成10元甚至100元的生意，你永远成不了真正的企业家。"**如果你想在事业上有所成就，大干一番，必须学会借用别人的资源，充分发挥资源优势。故步自封，靠自己蛮干，永远成就不了宏大的事业。**不想掉队的你，就要充分重视他人的能力，把一切可以为自己所用的资源拿过来做养分，从而滋养自己的生命，让自己更好地生长。

第十章

这十年，你应该如何做理财？

培养经济头脑与理财意识

我们总在说理财，那么到底什么是理财？很简单，理财就是管理好自己的财物，合理地使用好金钱。

1933年，美国颁布《1933年证券法》，1934年颁布《证券交易法》，以此为标志，投资理财进入了职业化阶段。但直到90年代，理财才进入了科学阶段。在我国，理财观念和投资市场还处于形成和规范化阶段，普及理财基础知识是目前的迫切需要。

你也许会问，我有自己的工作，凭自己的劳动获得报酬，我为什么要理财？

答案同样很简单，你不理财，财不理你。工资收入并不是美好生活的稳定保障。

仔细想想，你会发现世界上其实只有三种养活自己的途径：

第一个选择，你可以去打工，受雇于他人，获得报酬，大约90%的人选择这样做。随着工业化的发展，大多数人被雇佣了，学校也在教如何找工作、如何为别人工作、如何适应大企业和大机构。打工成了大多数人的第一选择，这些人中的绝大多数直接走向了穷人的阵营。

第二个选择，把挣的钱投资出去，以便挣更多的钱。

第三个选择，建立你自己的生意。

在传统意义上，这些选择各有利弊。为什么那么多人毫不犹豫就做出了第一个选择？因为他们从小没有受到较好的理财教育，他们太相信自己收入的保障，他们缺少财富智慧。

其实你的收入究竟有多少保障呢？来看看统计数据：年收入在 10 万元以上的人不超过 1%，年收入接近 4 万元的人不超过 10%。如果你的收入高于这个水平，你一定会感觉良好。但是由于税收或通货膨胀，大多数人目前挣的钱比刚开始工作时少 2%。大多数人只有几万元的现金资产，而 65 岁以上的人有 30%生活在贫困之中，只有 5%经济独立。

另一方面，每 12 分钟就有一个人成为百万富翁。你知道，他们当然不是靠工资。

同时，盖洛普民意测验有一个有趣的结果：80%的都市人都说时间过得太快；54%说他们被工作压得喘不过气来；51%说他们没有时间做他们想做的事。

人人都说自己忙，忙是因为有要紧事要处理，大大小小的事情似乎永远都处理不完。你必须优先处理更重要的事情。工作是剥夺人们时间最常见的因素。大多数人希望每周工作四天而不是五天，但他们的收入还是永远不够。很多人感觉到时间的压力，因为他们把时间用在了追求金钱上，他们用时间来交换钱，多花时间就多挣钱，少花时间就少挣钱。

如果你用时间来换钱，你就要花掉所有的时间。一旦你出现些许意外，不能去上班，那么这份收入就宣告完结。你不认为这其实很冒险吗？

完美的人生，应该是既有时间也有金钱，能够享受生活。为了在陪伴家人和维持经济收入之间保持平衡，许多人处于疲惫的状态。你是这个样子吗？那么你当然需要理财，提高财商。

也许你的父辈们觉得钱放在银行最安全，可以放心晒太阳。你也是这样吗？你有没有听过一句话，“只节省不算赚钱，只存钱不算理财”。

什么样子才是理财，把钱放哪里才是理财？大家都知道，钱生钱是最快的一种生钱方式，靠劳力赚钱的日子还是短的，只有把你赚到的钱用在赚钱的行当上面去，才可以拿到更多的收益，躺在银行里面的钱不会产生更多的价值，或者是被别人拿去给自己赚钱去了。

你对已有的选择满意吗？你想过将来吗？当消极的新闻报道使你焦虑时，你是否考虑过更好的办法，是否觉得自己努力尝试，以为生活会蒸蒸日上，其实却如履薄冰？与其让别人借你的钱作为资本去赚钱，为什么自己不拿它当资本去赚钱呢？

如果你觉得自己目前的工资很可观，过日子绰绰有余了。那你应该明白这么一个道理：你必须拥有一个健康的身体，并出现在一个特定的工作场合，依赖你的智慧或技能，以及某些你不能控制的因素，去赚生活费，这是工作的本质。而经济状况、政府行为和你所在行业发生的事，常常是难以预测的。

工资收入不是永久收入，永久收入是与你每天所做的事无关的收入，例如：投资收益、版权收益或生意的利润。给人打工的未来是不明朗的。经济收入的起伏、与老板的冲突、你自己的健康状况等等，都会对未来造成重大影响。如果一些不可预测的悲剧让你无法工作，你在经济上又能坚持多久呢？

专业人士都知道，健康原因或意外会使他们无法工作。销售人员因为忽然失声而无法从事推销；飞行员因为眼睛发炎而不能驾驶飞机；牙医因交通事故伤了手指而不能动手术；电视摄影师因为患肝炎而几个月不能上班等等，你也可能会碰上这种事。

这种事情实在是太频繁了。很多人三个月不交分期付款，电视机就会被没收；大多数人如果六个月失业，就会失去他的轿车；十二个月没有工作，就会失去房子；他们中的大多数会在十八个月或更短的时间内破产。

实际生活中意外太多，如果稍稍出现一点意外，你拿不到自己那份工资了该怎么办？你已经知道了钱存在银行是不会升值的，那就等着坐吃山空吗？

躺在钱上晒太阳，那钱对于你自己来说就是死的。何不让钱活动起来，成为资本呢？

如果你在1956年投资1万美元于巴菲特的基金，每年把利息和分红再投进去，今天你的总投资额可高达8000万美元，这就是复合的威力。如果有人有先见之明、耐心和资金，25年前投资一点点在施乐、IBM、沃尔玛、微软等公司，那么今天早已经成为百万富翁了。

不管以前如何，只要从今天起你开始行动，你就可以让你的金钱成倍数增长，过你自己想要的生活。

脱离“月光族”的悲哀

二十多岁的年轻人在刚开始工作的一至两年，往往是最强劲的消费族群。于是，入不敷出、月光一族是很多职场新人都逃不脱的命运。

那么，如何管理目前不算太多的薪水？如何才能摆脱月光族的头衔？

给自己开个银行账户吧，它可以帮我们摆脱入不敷出的困境。

大部分月光族在理财方面都有着一些误区：我没财可理；我不需要理财；等我有了钱再理财；会理财不如会挣钱。其实，正所谓“你不理财，财不理你”，理财对每个人来说都是一件顺理成章，必不可少的事。

艾美琳在一家公司上班，试用期每月 1000 元的薪水，让她充分体会到了什么叫做精打细算。艾美琳上学的时候花父母的钱，一个月就是 2000 块也不稀奇，常常月底算账还弄不清楚钱到底花到哪里去了。

但是这三个月里，每月少得可怜的 1000 元，愣是每个月还可以存到银行 200 元钱。

她是这样做的：每个月月初，艾美琳拿到工资后，就会先拿出工资的 20% 存到银行，然后再把剩下的钱合理使用。有一次，艾美琳的生日快到了，她想送一份礼物奖赏一下自己。那天她看上一双耐克鞋，但是得花去她半个月的薪水，严重超出预算，于是她放弃了自己的想法。以前每年这个时候她都会让自己开个荤，狂购物。但是现在一切消费必须按照月初的预算走，不再是任性花钱的年纪了。

现在的艾美琳才明白：独立，不仅意味着自由，也意味着约束。从经济独立的第一天开始，就必须约束自己乱花钱的欲望，对自己的经济负责。

三个月后，艾美琳的月薪升到 2500 元，她就每月拿出 1000 块钱存入账户。

和艾美琳一样的年轻人，她可以做到，你也可以。只要持之以恒，就算是小资金，也是能积累大财富的。通过自我节制，月光族一定能够彻底告别月光。

其实摆脱“月光族”，并不是一件很困难的事情。之所以成为月光族，一个很重要的因素是月光族自制力太差，做事没有计划性。因此，如果你是月光族，可以在日记账的基础上分析自己的支出结构，确定在不影响生活质量的基础上每月能结余的金额，做一个储蓄计划，采用强制储蓄的方式，每月一发工资，就先把这部分钱从日常支出中扣除出来，然后再把剩下的钱拿来开支。

大家不要小看这一点一滴的积蓄，也许它就是让你成功实现财富自由的基础。

古以色列王国时期，有两个好朋友，一个叫萨哈，另一个叫苏鲁，两个人都是做小本生意的。五年后，萨哈早已成为非常有钱的富翁，而苏鲁却还是只能维持温饱。

一天，苏鲁找到萨哈，问："咱们两个都是从小本生意做起，为什么你早就飞黄腾达，而我却仍旧是一贫如洗呢？"

萨哈平静地说："我之所以比你富有，那是因为我们是有很大不同。"

"我们哪里有不同？难道我不是像你一样勤勤恳恳？而且有时候我的勤劳程度甚至超过你呢。"

"这只不过是表象罢了。"

"表象？"

萨哈继续说："是的。我问你，如果你每天能够赚到 10 个铜板，你将会如何处置它们呢？"

"当然是用来改善生活了！"

"这就是我们的差别。你知道我是如何做的吗？告诉你吧，当我赚到 10 个铜板之后，我会将它们放在荷包里。当我需要花钱的时候，我只是拿出其中的 9 个来用，每天都剩下一个，从来未曾多用过一个。或许你觉得这样做多此一举，但它确实是我能够发达起来的最根本的原因。当初，我像你一样，荷包里空空如也、一贫如洗，那时我又怎敢奢望现在这样的生活呢？"

萨哈接着说："不过，当我开始放进 10 个铜板，只取出 9 个来花之后，我的空荷包渐渐鼓了起来，时间一长，我就存下了一大笔钱。可我并没有将它们胡乱花掉，而是找到更好的机会进行投资。就这样，我所拥有的财富越积越多，最终变成像今天这样富有了。"

苏鲁瞪大了眼睛，他真不敢相信致富竟然如此简单。

其实，理财也是这样。我们把十块钱收进钱包里，每天只取出九块钱作为费用，这表示我们的钱包已经开始膨胀。当我们觉得手中钱包重量增加时，也就远离月光族了。

不要觉得上面的道理简单，其实理财的道理就是这么简单。当我们的支出不超过全部收入 90％时，我们就觉得生活过得很不错，不会像以前那样穷困。这只是我们理财的一个方法，但是每一个理财的方法都是如此简单。

所以，想要拥有更多财富的你，首先要做的就是合理地利用和支配自己的每一分钱，绝对不要沦为“月光族”。让自己有财可理，是成为理财者的必备条件。

养成“吝啬”的好习惯

每个人都应该讨厌被冠上“吝啬”这个词吧？在我们的认知里，这是形容一个人抠门、小气的时候才会用到的词语。**但这里说的“吝啬”并不是说要精心算计每一笔花销。而是说对于一些没有必要的花销，学会对自己“吝啬”，不要为了面子，为了炫耀，花上比实际多几倍的价格。**这样的做法，并无什么实质的意义。而这样的企业领导者，也终将会被淘汰。

在人们眼中，美国沃尔玛零售连锁集团就像一个商业神话。作为公司的创始人——山姆·沃尔顿，凭借借来的 2 万美元，从一个小小的杂货店，到世界上最大的连锁王国。凭借的不仅是他敏锐的商业头脑，还有他勤俭节约的习惯。

在沃尔玛公司已拥有 500 多亿美元资产时，山姆率领的采购队伍仍然非常节俭，有时 8 个人住一个房间。于是有人问他，为什么公司还要那么精打细算？山姆说：“答案很简单：因为我们珍视每 1 美元的价值。我们的存在是为顾客提供价值，这意味着除了提供优质服务之外，我们还必须为他们省钱。每当我们为顾客节约了 1 美元时，那就使我们自己在竞争中领先了一步——这就是我们永远打算做的。”

尽管山姆成了亿元富翁，但他节俭的习惯却一点也没变。他没购置过豪宅，一直住在本顿维尔，经常开着自己的旧货车进出小镇。镇上的人都知道，山姆是个“抠门”的老头儿，每次理发都只花 5 美元——当地理发的最低价。但是这个“小气鬼”却向美国 5 所大学捐出了数亿美元，并在全国范围内设立了很多奖学金。

老沃尔顿的几个儿子也都继承了父亲节俭的性格。美国大公司一般都有豪华的办公室，现任公司总裁吉姆·沃尔顿的办公室却只有 20 平方米，公司董事会主席罗宾逊·沃尔顿的办公室则只有 12 平方米，而且他们办公室内的陈设也都十分简单，以至于很多人把沃尔玛形容成“‘穷人’开店穷人买”。

节俭的沃尔玛在短短几十年时间内迅速扩张。现在，沃尔玛在美国拥有连锁店 1702 家，超市 952 家，“山姆俱乐部”仓储超市 479 家，在海外还有 1088 家连锁店。2000 年，沃尔玛全球销售总额达到 1913 亿美元，甚至超过美国通用汽车公司，仅次于埃克森 – 美孚石油，位居世界第二。

像山姆·沃尔顿这样身价过亿的人，并不是没有钱，但是他懂得节俭，这是长期生活中的一种习惯，这样的习惯为他建立王国做出了不少的贡献。他虽然对自己“吝啬”，但对于有意义的事情却非常慷慨。他对于慈善事业，投入了大量的资金。

和山姆一样，股神巴菲特拥有几亿美元的资产，仿佛需要几亿光年才能达到，而他节俭的生活习惯也似乎离我们很远很远。至今，他仍居住在他于 1958 年花 3.15 万美元买下的位于奥马哈市的住所内。他喜欢麦当劳的汉堡和股桃可乐，对高科技类产品没什么兴趣，包括电脑和奢侈品牌汽车。很多人喜欢彻头彻尾的钻研巴菲特的投资原则，却忽略了巴菲特节俭的一面。**殊不知在你还没有攒够万贯家财之前，节俭的生活习惯异常重要。巴菲特尚且如此，更何况我们呢？**

但需要注意的是虽然你要养成“吝啬”的习惯，但也没有必要降低生活质量。而是要学会花钱，这也是致富的一个方面。看那些世界上的有钱人，因为他们最会挣钱，所以他们也是最会花钱的。精打细算,明白钱财该何去何归才是富人的看家本领。

在那些大赌场中，很多人随意地大笔挥霍，这些人不是真正懂得运用金钱的人。而那些真正靠自己的努力成为巨富的人，是不会把钱白白浪费在明知道是无底洞的地方的。

有一位犹太大富豪走进一家银行。

“请问先生，您有什么事情需要我们效劳吗？”贷款部营业员一边小心地问，一边打量着来人的穿着：名贵的西服，高档的皮鞋，昂贵的手表，还有镶宝石的领带夹子……

“我想借点钱。”

“完全可以，您想借多少呢？”

“1 美元。”

“只借 1 美元！”贷款部的营业员惊愕得张大了嘴巴。

“我只需要 1 美元，可以吗？”

贷款部营业员的脑筋高速运转起来，面前这人穿戴如此豪阔，为什么只借 1 美元？他是在试探我们的工作质量和服务效率吧？便装出很高兴的样子说:“当然，只要有担保，无论借多少，我们都可以照办。”

“好吧。”犹太人从豪华的皮包里取出一大堆股票、债券等放在柜台上:“这些做担保可以吗?”

营业员清点了一下，“先生，总共 50 万美元，做担保足够了。不过先生，您真的只借 1 美元吗?”

“是的，我只需要 1 美元，有问题吗?”

“好吧，请办理手续，年息为 6%，只要您付出了 6% 利息，且在一年后归还贷款，我们就把这些作为担保的股票和债券还给您。”

犹太富豪走后，一直在一边旁观的银行经理怎么也弄不明白，一个拥有 50 万美元的人，怎么会跑到银行来借 1 美元呢?

他忍不住追了上去:“先生，对不起，能问你个问题吗?”

“当然可以。”

“我是这家银行的经理，我实在是弄不懂，你拥有 50 万美元的家当，为什么只借 1 美元呢?您若要借 30 万元或是 40 万元的话，我们也乐意为您服务的。”

“好吧，我不妨把实情告诉你吧。我来这里办一件事，随身携带这些票券很不方便，便问过几家金库，要租他们的保险箱，但租金却都很昂贵。所以我就到贵行将这些东西以担保的形式寄存了。由你们替我保管，况且利息很便宜，存一年不过才 6 美分。”

银行经理如梦初醒，他十分钦佩这位犹太富豪的做法，实在太高明了。

这就是精明的犹太人，他们将精打细算运用到了极致。他们会珍视每一块钱，能不花就不花，能节省就节省，这实际上是积累和创造财富的重要手段，你学会了吗?花一块钱，就要发挥一块钱 100% 的功效，换句通俗的话说，也就是我们经常能够听到的，花钱要花在刀刃上。

对于一个高财商的人来说，金钱的积累是从每一个硬币开始的。一个成功致富的人决不会因为一块硬币的钱少而放弃它。在他们心里，他们知道任何一种成功都是一点一滴积累起来的，没有这种心态就不可能获得更大的财富。作为一个工薪阶层的小白领们，不妨从下面一些小事做起吧！

开源，拓展你的赚钱能力

简单来说，财富的增加有两种途径：一是开源，二是节流。养成“吝啬”的习惯只是节流，除此之外我们还要学会开源，提升自己的赚钱能力。

在很多人眼里，省钱就是赚钱，省的越多也就相当于赚得越多。这种想法当然不能说是错误，只是这个思维限制了你的发展，让你不知道开源的好处。

一个水池用来浇灌庄稼，大家都知道要把池子打得足够大，保持有充足的水流进来才不至于用的时候不够，如果只是劝大家浇灌的时候少用，可能到时候庄稼死了，池子还是干涸的。

所以，开源的重要性是如此重要，值得大家去思考一番。死守着你的资金不肯拿出来做更大方面的投资，那么你的钱也就成了葛朗台发霉的纸币，没有了货币的实际意义。只有通过让你的财富不断地进行增值，金钱才能成为你支付的工具，否则人就可能成为一个完全被金钱所统治着的奴隶。

10 年前，23 岁的卡尔·史密斯成为美国 50 万普通中学教师中的一员，在此之前他头脑中从来没有“理财”二字。

那时候每当他将一张薪水支票拿到手中时，总是发现上一次的薪水已经花得所剩无几了，他无法积累财富，他的生活就这样循环往复着。突然有一天，史密斯发现自己当了几十年教师且已经年满 73 岁的父亲，却没有自己的退休基金，而且还没有一点自己的积蓄。史密斯对自己说，他不想重复父亲那样不知道未来的生活。

于是史密斯决心努力增加自己的收入。史密斯有一份稳定的工作——他是一个私立基督学校的教师，他还利用业余时间担当家庭教师，这也能赚取一笔可观的收入。他的妻子塔哈娜为她的两份销售工作忙得不可开交。

于是在积累了一笔资金之后，这对夫妇开始有自己的预算。从很早开始，史密斯就习惯从每月的薪水中提取 50 美元，放入他学校的退休金计划中。1994 年，他雇用了一个经纪人，帮助自己理财，希望能省下更多的钱。他最初的目标就是能存 1000 美元到他的经纪人账户中，这个目标实现以后，经纪人开始说服他做一些投资，于是他买了自己的第一笔股票——用 2500 美元买了麦当劳，收益不错。

随着史密斯工作年数的增加，他的职位也得到了提升。现在他已经是该校的副校长了。他的妻子也辞去了销售工作，转而投向抵押贷款经纪人这一行。他们的年收入达到 39 万 ~ 42 万美元，他们的目标很快投向房产。因为相对于资金不雄厚的家庭来说，这一行的风险相对较小，投资回报也较快。后来他们看中了一所 1000 平方英尺（约 92.9 平方米）的房子，价格 6.15 万美元。对于当时的他们而言，尽管数目较大，但是他们依然觉得这所房子绝对物超所值。事实证明他们的决定是正确的。三年之后，他们以 12.6 万美元价格出售，然后再把这笔钱投资到一所西班牙式的房子上，这栋房子是一所中等规模的豪华别墅，包括一个游泳池、按摩池，总面积达 3 平方英亩（1 英亩 =4046.8564224 平方米），这所房子的总价为 60 万元，他们总共向银行贷款 20 万元。后来，这所别墅的价格狂升，房价翻了好几番。

就是这样，史密斯是怎样从 10 年前那个无一文积蓄的毛头小子一跃成为百万富翁。

从上面的例子可以看出：只要永远记住一点——为自己付钱，当然要选择那些有升值空间的对象付钱。适当投资一些可能获益的投资项目，是通往百万富翁之路的一个途径。

在我们年轻人中，存在着两种不可取的、较为极端的倾向。一种是月光族，另一种则是储蓄族。在他们看来，没有储蓄，就会觉得生活上失去了保障。他们过于看重物质，成为物质的奴隶。男人每天为了衣、食、住，在外面辛苦工作，女人则每天计算如何尽量克扣生活费，如何往银行存入更多钱。可是假如，人的一生就这样过去了，还有什么意思呢？

如果认为储蓄是生活上的安定保障，储蓄的钱越多，则在心理上的安全保障的程度就越高，如此累积下去，永远没有满足的一天，这样岂不是把有用的钱全部束之高阁，使自己赚大钱的才能无从发挥了吗？你再想想，哪有省吃俭用一辈子，在银行存了一生的钱，光靠利息滚利息而会成为世界上知名的富翁的？

储蓄固然没错，但我们应该反对把储蓄变成嗜好，而忘记了等钱储蓄到了相当数目时可以提出来动动脑筋，活用这些钱，使它能赚到远比银行利息多得多的钱。另外，银行里的钱越存越多的时候，人们会在心理上觉得相当有保障，便靠利息来补贴生活费，这就养成了依赖性而失去了冒险奋斗的精神。

想想看，如果存巨款到银行，年息最多不超过 10% ；而把钱投资在有潜力的项目上，如果对市场观察分析得当，每次周转都能盈利 20%，一年周转几次，所获得利润比存在银行高多了。

可是储蓄很重要，总储蓄又不对，那该怎么做呢？答案当然很简单：**拿出一部分钱来储蓄，拿另一部分钱来投资。**至于这个比例该怎么把握，完全要根据你的实际情况决定。假如你还单身或是刚结婚没有孩子，那么自然可以让投资的比例大一些，因为你承受风险的能力较强。可假如你上有老下有小，当然要另做打算。总的原则是：储蓄的比例既要让你的存储有真实的意义，又不会让你觉得过重而心疼。然后把剩下的钱拿来赚钱，提高自己的赚钱能力和财富聚集的速度。

做自己的投资专家

理财说简单很简单，但说难也非常难，其中大有学问，它是一门实用科学，要以经济学为指导（追求极大化目标）、以会计学为基础（客观忠实记录）、以财务学为手段（计划与满足未来财务需求、维持资产负债平衡），真是一门交叉的边缘学科，需要各方面的知识储备。所以你需要不断地学习，补充新知识。

某大学课堂上，教授对着台下一张张年轻的脸庞说道：“你们这么年轻，都该买股票吧？即便你们不买股票，也该投资基金吧？即便不买基金，也该买国债吧？即便你们什么都不买，至少也得关注投资理财信息吧。”

教授的意思是说，你们这么年轻，承受风险的能力非常强，应该关注投资理财，努力打造自己的财富人生。

拥有了投资理财的观念之后，不是就这样万事大吉了，你还需要不断学习各种理财知识。

1974 年，美国政府为了清理给自由女神像翻新时扔下的废料，向社会广泛招标。但好几个月过去了，没人应标。正在法国旅行的一位犹太人听说后，立即飞往纽约，看过自由女神下堆积如山的铜块、螺丝和木料后，未提任何条件，当场就签了字。

纽约许多运输公司对他这一愚蠢举动暗自发笑。因为在纽约州，垃圾处理有严格规定，弄不好会受到环保组织的起诉。

就在一些人要看这个犹太人的笑话时，他开始组织工人对废料进行分类。他让人把废铜熔化，铸成小自由女神像；把水泥块和木头加工成底座；把废铅废铝做成纽约广场的钥匙。最后，他甚至把从自由女神像身上扫下的灰包装起来，出售给花店。不到 3 个月的时间，他让这堆废料变成了 350 万美元现金。

讲这个故事，想要告诉你的是：即使投资垃圾，也能赚大钱，投资行动的本身是次要的，最重要的是你有无眼光看出其中的价值。也就是说，**金子本身不是最重要的，点石成金的那根手指才最重要，学会理财知识和技能才是根本。**

如果把理财比作旅行的话，需要确定以下几个要点：你现在在哪里——就是目前的经济状况；要到哪里去——将来的理财目标；如何到目的地——实现目标的手段和步骤。只要遵循这三个步骤，理财目标也就近在咫尺了。

第一步，总结经济现状。在理财开始之前，先要了解你的财务现状，这就相当于财富旅行的起点，如果没有健康的财务现状，则一切美好的财务未来都无从谈起。你要考虑月度收支和保险状况，掌握现时收支及资产债务状况。

同时，你还应注意到在人生的不同阶段，其财务需求是不同的，这便形成了极受世人关注的生命周期理财规划理论。所谓生命周期，大致可分为如下几个重要阶段：

成长期，指从出生到 20 岁左右，其重点是受教育和学习与就业相关的知识和技能，在财力方面主要依靠父母或其他来源；耕耘期，开始工作步入社会，财务上主要是满足成家立业、教养子女的需要；收成期，指 40 ~ 60 岁之间，这期间收入渐增，地位渐高，子女慢慢长大成人，也是为退休做财务准备的阶段；休养期，指退出工作，安享晚年，处于这个阶段的老年家庭，其财务问题主要是如何妥善运用手中的退休金和前期积蓄。

因此，合理的理财全盘规划，必须将生命周期中的不同阶段凸现出来，以满足不同生活阶段的具体需要和整体要求。现在的你，一般都处在耕耘期，你要根据这一时期的特点来理财，同时也要考虑以后的各个时期。

第二步，筹划未来目标。进行这一步之前，你要留下充足的备用金，目的是用来应付比如暂时的失业，突发的事故等意外的情况而引发的现金需求。房子车子票子和孩子，一个都不能少。

在拟定理财规划时，一个很重要的原则是：所有的目标必须具体、可行。具体意味着，理财目标一定要明确、量化；对自己的财务状况力求了解得全面准确，切忌好高骛远，不切实际，防止在理财过程中顾此失彼;要将稀缺的货币资源用得其所，创造更大的效用和收益。

可行意味着努力可以达到。如果竭尽全力仍难于达到的目标，最好不要列入规划。其实任何人都不能也没有能力把所有的事、希望和理想全列入规划并实现它。理财规划需要充分权衡需要和可能的关系，并不纯粹是为了钱而制定。

第三步，就是如何实现目标了，考虑如何利用投资渠道来增加财富。

有了以上的两步之后，你就可以考虑投资了，把你的资本进行最大化的生产财富，让你以后的日子更加容易、幸福、美满。这一阶段面临的问题是要不要把金蛋放在同一个篮子里？

1990年诺贝尔经济学奖的获得者马克维茨认为：把你的财产看成是一筐子鸡蛋，然后决定把它们放在不同的地方：一个篮子，另一个篮子……万一你不小心碎掉其中一篮，你至少不会全部都损失。鸡蛋若都放在同一个篮子里，赚则大赚，亏则全亏。如果赚了当然是好事，一旦亏了，大多数普通人是承受不了的，那将是血本无归的。

但是，就在绝大多数投资者认为“不能把所有鸡蛋放在同一个篮子里”的时候，巴菲特却认为，投资者应该把所有鸡蛋放在同一个篮子里，然后小心地看好它，因为他觉得：在时间和资源有限的情况下，决策次数少的成功率自然比投资决策多的要高，就好像独生子女总比多子女家庭所受的照顾多一些，长得也壮一些一样。

那么，究竟该怎么做呢？该不该把你所有的金蛋放在同一个篮子里？

这要看你自己了。如果你对某个大机会绝对自信，并致力于大捞一笔，而且鸡蛋全碎了也不会让你一蹶不振，你还有东山再起的机会，那么你可以尝试一下。

但如果你只是个投资新手，不能做到像“股神”巴菲特那样做出精准的判断，你只是希望冒最小的险拿到最大的收益，那么就把鸡蛋多放几个篮子吧——这种方法适合稳健的你。

例如，你可以选择多元投资方式，把股票、基金、不动产、保险等等按照合适的比例进行配置。至于怎样的比例才是合适的，这同样取决于你的现状，包括经济状况、风险承受能力、知识结构等等。

学会做一个理财好手，你要确定自己的财务目标，制定财务计划，运用各种理财工具，达到不断积累并合理运用财富的目的。这是一门不太容易但非常有趣也会非常有成就感的学问，但聪明的你一定可以做好。

不要把理财计划一拖再拖

无论是穷人、富人，是“大人物”还是“小人物”，都可以通过投资理财实现致富之梦，但这只是一种“可能”，怎么样把这种可能转变成现实，中间还有一段漫长的路要走。

可是有太多人，连通往百万富翁的第一步都没有迈出。这些人明明渴望财富，甚至已经有了明确的理财规划，可是却往往找出各种各样的借口，比如“工作太忙，没有时间投资”、“我需要享受,没有钱投资”等等。所有这些借口,都让他们一再拖延，让理财计划无限期搁置。

他们为什么还没有行动起来呢？因为觉得太难了吗？

有一天，一只老钟对一只小钟说：“你一年里要摆 525600 下啦。”小钟吓坏了，说：“哇，这么多，这怎么可能？我怎么能完成那么多下呢！”这时候，另一只老钟笑着说：“不用怕，你只需一秒钟摆一下，每一秒坚持下来就可以了。”

小钟高兴了，想着："一秒钟摆一下好像并不难啊，试试看吧。"果然，很轻松地就摆了一下。不知不觉一年过去了，小钟已经摆了 525600 下。

很简单的故事，道理也很简单。**也许你觉得理财投资是很难的事情，其实只需要你坚定自己的目标，一步一步地从小事做起，就会完成自己觉得不可能的事情。**

那些喜欢拖延的人，一个很重要的原因在于他们认为行动要比拖延逃避更为痛苦。他们总是习惯于发现事情的消极一面，在这种心态的影响下，他们不会去关注瓶子中的水，而是关注未满的部分。这种拖延，说到底是害怕失败，因为只有行动才有可能失败，带来痛苦。而若是再往后拖延一下，至少还保留了成功的可能性。在这种拖延中，很多人错过了投资理财的良机，把机会拱手送给了别人。

这些人喜欢拖延的另一个原因在于他们害怕承担责任，进而不愿意承担责任。只要行动，就不可避免地要犯错误，这本来是很平常的事情。但他们不愿意为此承担责任，也不愿去尝试同样的事情，因为那样有可能再发错误，又需要承担责任，所以只好拖延，甚至为此而寻找借口。

一则频繁出现在电视上的公益广告是这样说的："人生的道路上有两种人，一种是乘客，另一种是司机。"司机和乘客有什么区别呢？负责任的是司机，不负责任的则是乘客。司机掌握前进的方向，决定走哪一条线路，以多快的车速行驶。而乘客呢？他们仅仅是坐在车上而已。他们不主动掌握自己前进的方向，也不主动参与整个行驶过程，他们只是在看，等待着什么事情的发生，而他们自己从来不需要为这些事情负责。可是，你真的喜欢永远做一个把命运交给别人掌控的乘客吗？

还有一些人喜欢拖延，他们的坏习惯基于这样一种错觉：他们以为完成一项重大工作可以一步到位。他们是从何处得来这样一种错觉呢？有一些事例仿佛支持了他们的想法。例如当某一种股票猛涨时，一位投资者将自己持有的这种股票全部抛出，并赚回了大把大把的钞票，短短的时间里，一位百万富翁诞生了。

另一个例子是他们在报纸上看到，在世界杯上，某一位球员每进一个球，他的身价就上涨500万欧元！这些激动人心的例子使得他们一厢情愿地幻想，有一天这样美妙的事情也会发生在自己身上。对于自己手头上的事情，他们怎么也提不起精神来，干起工作拖拖拉拉。他们在想：反正这些事情做了，也不会赚到什么大钱，不做也不会有什么大的损失。

对于有这种想法的人来说，下面这句话送给他们再合适不过了：不积小流，何以成江海，不积跬步，何以致千里。

一位经济学家曾经算过这样一笔账：如果一个人的奋斗目标是退休后拥有5万美元的年收入，那么从20岁开始，每个月存100美元，一星期不过25美元，把它投入到共同基金上，年利率约在12%到15%，到65岁的时候，这个人就将拥有超过50万美元的财产。从65岁开始，他就可以凭利息为生了，每年约5万到6万美元，根本不必动用本金，而这一切只需要每个月付出100美元。

对于像比尔·盖茨这样的有钱人来说，确实不需要这样一个计划，因为他们的财富已经多到让他们不必为自己的将来担忧。但你呢？如果你在财务上捉襟见肘，自己也不清楚是否有足够的财力保障自己晚年生活，也不肯这样做吗？

你整天羡慕的那些投资高手和运动场上的天才们，他们的成功也远不是一蹴而就的结果。当索罗斯买进某一种债券的时候，这种债券并不会因为他是金融大鳄就直线上涨，他在背后所做的工作之多，你怎么能够想象得到？世界上和姚明一般高的人不乏其人，休斯敦火箭队为什么就只和他签了价值千万的合同？格雷茨基是全美棒球联赛史上的头号射手，他被问及称霸赛场的秘籍时说：“我只知道，如果不射门，那就百分之百不会射中。”

一位商界巨头面对媒体，坦诚相告：如果说我的成功是在一夜之间获得，那么这一夜是一个漫长的历程。

很多人因为穷怕了，所以一心一意想赚大钱，他们不愿意相信的一个道理是：在很多情况下，大钱是由小钱构成，再大的事也要一步一步去做，一口吃不成胖子，罗马城不是一天就能建成的。

由于很多人做事很多时候都是迫于生计，他们没有把正在做的事情当作是实现未来目标的一个环节，在这种心态的指导下，他们对于手上的事情漫不经心，能拖就拖。一旦出错，又找各种理由为自己开脱，不敢独立承担责任。

因此，**拖延这种恶习从大处讲，它挡住了你成为有钱人的去路；从小处讲，它会令人处于一种不快乐的生活状态。**如果你还有这种一再拖延的恶习，最好的办法是赶快彻底清除掉，不要再让它在你的经济生活中产生哪怕是一点点的消极作用。

定期给财务状况做“体检”

年轻的你，不管拥有多少金钱，都会有属于自己的财务状况。那么你的财务状况如何呢？它是否健康？

这绝对不是钱多钱少那么简单的问题。有的人防范意识不强，手里留的资金不够，容易导致突发事故发生时手足无措。另一些人则相反，由于担心遇到突发事件，从而会储备许多的准备金，但这样会导致财务变现能力过强，过多的资金闲置，不利于资产增值。这些都是财务状况不健康的表现。因为一般情况下，在家里留存三到六个月的费用就够了，其余的资金可以合理分配，用于购买保险等，以获得更多风险产生时的现金使用权，或通过资产组合投资，产生更多的投资收益。

那么怎样才能判断自己的资产状况是否健康呢？给它做一个体检吧。理财体检是相对于健康体检而言的，健康体检的目的是及时发现身体健康存在的问题与隐患，及时做出治疗，防患疾病进一步恶化，保证身体健康。**理财体检即是对财务进行**

诊断，发现日常理财过程中存在的误区与隐患。这些隐藏的隐患如果不及时发现，易造成累积爆发，影响正常的生活。只有及时发现并消除理财隐患，你的财务才能处于安全的状态，才能更好地应对危机。

资产负债，盘点要清晰；收入支出，心中要有数；投资结构，要合理配置……你有很多方面要考虑。百密难免一疏，以下是大多数家庭或个人的资产状况中需要引以为戒的不足之处，它们会严重影响到资产的抵抗风险能力，看一看你自己身上有没有这些情形：

1. 不健康的消费

消费不健康代表着消费支出过多，可能导致没有更多的资金用于投资，实现资产的有效增值。一般情况下，消费支出应是收入的 50% 左右为合理。你最好将每月的费用分为基本生活开销、必要生活费用和额外生活费用三个项目，养成记账的好习惯，这样有助于理顺你的财务开支，减少不必要的开销，做到节流，以积累更多的资金用于资产增值。但是不要矫枉过正，过度节约会影响到生活幸福感，也是不可取的。

2. 保障能力差

对于很多年轻人来说，由于没有意识到保险对未来生活的好处，选择不投保或即使投保也仅仅是极少量的，难以有效地规避风险。但是保费的支付购买也要根据自己的具体情况量体裁衣，并不是保险投放越多越好，也应避免重复投保和保费花费过大的问题，以免造成支出压力过大。

3. 财务自由度低

财务自由的概念是指即使你不去工作，只靠投资所得的收益就可以应付日常支出。对很多人来说,财务自由是很难实现的。除非你拥有丰富的投资理财专业知识，所以你亟须通过专业的理财指导实现自己的财务自由。

4. 投资比率不协调

投资并不是每个人都能达到健康水平的，由于知识层次、时间所限，很多人不能或不愿进行投资。但是投资能带来较高的回报，提升财富增值的能力，将闲置资产根据自己的风险偏好投资于不同的金融理财产品中，可以增加资产未来持续盈利的能力，利于实现自己的理财目标。一般来说，二十五岁以上的人士，应该使这一比例保持在 50% 以上的水平，比如说投资到股票、基金、债券、古董收藏、房地产等等，应该占 50% 以上。也就是说收入的 50% 来源于资本收入，这样就能实现财务健康，达到最后理想的财务自由的境界。

5. 收入构成过于单一

由于收入构成过于单一，尤其是其中的工资收入占比过大，一旦收入来源中断，你的财务状况会因为没有资金来源陷入瘫痪状态。所以，我们建议你尝试通过各种途径获得兼职收入、租金收入等其他收入分散自己庭收入来源，以增强抗风险能力。

6. 资产负债状况处于不正常范围

如果你的负债比例过高，超过了承担能力，那就说明财务正处于亚健康的状态。即使这样可以维持现在的生活，但是如果再想贷款买辆车或者房子就会有问题了。因为当负债比例过高，每个月需要付出的利息费用就会相应地上升，直接影响到每个月的现金流出，进而侵蚀你的资产；而过高的负债还会在财务发生紧急情况的时候（例如失业、较大额度的医疗费用支出），带来很大负担，甚至造成财务的“资不抵债”。当你无法偿还过高的债务时，则可能导致财务危机的发生。所以，如果存在这样的状况，最好通过偿还全部或部分贷款的方式，降低目前的负债水平。

7. 房产在资产中比率过高

很多人由于个人资产中房产比例过高，资产结构失衡，一旦利率上调、房产下跌的话，资产将会面临严重缩水风险，财务也会出现一定的危机，所以需要引起警觉。此外，由于房产属于固定资产，比例过高将影响到资产的流动性，不利于资产的增值。

除此之外，还有食物支出、偿付能力、盈余状况、储蓄投资能力等方面，也不容忽视，聪明的你可以自己衡量。

不管你现在财务状况怎样，都不要掩盖财务问题，把它们通通找出来，也就是要把所有欠的债和账单列出清单，对自己未来数周及数月内的现金流做出客观评估。如果有入不敷出的情况，立刻采取行动。可能这个漏洞无法一时修补好，但也要开始一点点减轻债务。即使到了债务过高，只能申请破产的地步，要做的第一件事也是确定问题，而不是担心不已。

找出问题之后，无论困扰你的是什么，重要的是采取行动解决它。如果遭遇就业危机，赶紧修改简历，联络所有人脉；如果是预算问题，寻找可以削减开支的地方。花一晚时间列出50 个改善财务状况的方法，包括卖车、出租一间房、周末兼职等等；或者你可以重新融资，将房贷变成一种月供更低、还贷时间更长的贷款；还可以缩衣节食，或在网上出售不需要的物品。

及时给自己的资产状况进行体检，避免出现财务危机，虽然不能百分之百保证你不受到外界金融危机、通货膨胀等因素的影响，但可以有效防范外界危机进一步恶化为你个人的财务危机。只要你既能及时发现财务隐患并及时调整资产配置，又能不断提升自身知识水平，做到“内外兼修”，就可以安心应对外界的变动了。